碧沙岗公园

园林树木

申林芝　主编

BISHAGANG GONGYUAN

YUANLIN SHUMU

中国农业出版社

北　京

图书在版编目（CIP）数据

碧沙岗公园园林树木 / 申林芝主编. -- 北京 : 中国农业出版社，2016.12
ISBN 978-7-109-22251-9

Ⅰ. ①碧… Ⅱ. ①申… Ⅲ. ①乔木－介绍－郑州 Ⅳ. ①S718.4

中国版本图书馆CIP数据核字(2016)第243381号

碧沙岗公园园林树木
BISHAGANG GONGYUAN YUANLIN SHUMU

中国农业出版社出版
地址：北京市朝阳区麦子店街 18 号楼
邮编：100125
责任编辑：廖宁
责任校对：吴丽婷
印刷：中国农业出版社印刷厂
版次：2016 年 12 月第 1 版
印次：2016 年 12 月北京第 1 次印刷
发行：新华书店北京发行所
开本：787mm×1092mm 1/16
印张：14
字数：280 千字
定价：98.00 元

本书编写人员

主　　编：申林芝

副 主 编：尚玉萍　杨　帆　张瑞粉

参　　编：孟　阳　郭　征　窦　可　郭平光
王建郑　韩　军　刘　珂　程　晨
牛东霞　韩成群　申红阳　王小军
乔胜利　顾海军　王　宾　李　涛
王　雅

植物景观的构建是优美生态环境和城市生态文明建设的重要组成部分，而园林树木又是城市园林景观的主体。园林树木具有净化空气、保护环境等多种作用，并以其千姿百态和流光溢彩营造着城市自然氛围、装饰着城市环境空间，演绎着城市四季不同的乐章。

郑州市属北温带大陆性季风气候，冷暖适中，四季分明，适宜多种植物生长。自改革开放以来，引入郑州的园林植物越来越多，不断丰富着城市的园林景观，使郑州四季有花、终年有绿，让身处在这座城市中的每一个人都切实感受到郑州的生态环境越来越好、城市景观越来越美丽。碧沙岗公园是郑州市最早三个公园之一，多年来在园林绿化和植物引种方面取得了丰硕的成果，已成为一所功能完善、特色突出的大型综合性公园，获“国家重点公园”“全国最佳植物专类园”“五星级公园”等多个荣誉称号。

为发挥园林树木在美丽中国和生态文明建设中的作用，碧沙岗公园的科技工作者结合园区几十年来的建设经验，对公园内栽培的182种园林树木的形态特征、生态习性、园林用途及公园应用进行整理，并配以精美图片，汇编成书。

全书简明扼要、图文并茂，是一部很好的科普读物，是了解、识别碧沙岗公园园林树木乃至郑州市园林树木不可多得的工具书；同时，该书也为园林设计、生产经营和园林树木管理提供了很好的范例。

河南省植物学会理事长

河南农业大学教授、博士生导师

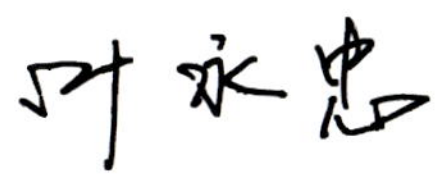

前言 Foreword

郑州市碧沙岗公园地处郑州市中心城区繁华地段，占地面积 330 亩。其前身是 1928 年建成的北伐阵亡将士陵园，1956 年改建为公园，1957 年对外开放。经过几十年的发展，如今的碧沙岗公园已经成为郑州市区一所功能完善、特色突出的大型综合性公园，年接待游客达 900 多万人次。近年来，碧沙岗公园围绕科普基地建设，不断加大植物引进、丰富种类、优化配置、提升景观、打造特色，取得了良好的社会效益，先后荣获“国家重点公园”“全国最佳植物专类园”“五星级公园”“省级文明单位”“郑州市科普教育基地”“郑州市爱国主义教育基地”等荣誉称号。

本书以碧沙岗公园丰富的园林植物为依托，在科普教育宣传的基础上，对公园常见的 182 种园林树木的形态特征、生态习性、园林用途等进行总结归纳，按照不同季相、不同观赏部位分别配以图片。以生动、形象的图片和简明扼要的文字相结合，图文并茂，方便读者对树种的识别和了解。为了更好地应用于园林绿化生产实践，在编写的过程中，将树种分为乔木、灌木、藤本、竹类四大类。本书编写初期曾拟书名为《郑州地区习见园林树木》，后经多次增删，鉴于书中植物多以碧沙岗公园园内植物为依托，最终定书名为《碧沙岗公园园林树木》。整个编写过程历经五年有余，其间，作者拜访了许多业内专家、行业能手和一线职工，掌握了大量的基础数据并总结于书中，丰富了本书内容。

本书内容丰富，实用性强，不仅是植物爱好者的科普读物，更是园林设计人员、园林专业学生了解碧沙岗公园园林树种及郑州适生树种得心应手的一本工具书。

鉴于作者水平有限，虽经努力，疏漏仍恐难免，敬请读者批评指正。

编者于郑州

序

前言

第一篇　乔木

第二篇 灌木

二、落叶灌木 ······ 137

第三篇　藤本

第四篇 竹类

主要参考文献

第一篇　乔木

一、常绿乔木

1. 雪松

拉丁学名：*Cedrus deodara* (Roxb.) G. Don.

科属：松科雪松属

形态特征：常绿乔木，原产地高可达 75m（郑州地区高 25 ～ 30m），胸径可达 3m；树皮深灰色，不规则鳞片状开裂；树冠圆锥形，大枝平展，小枝略下垂；叶针形，硬质，灰绿色，长 2.5 ～ 5cm，在长枝上散生、短枝上簇生；球果卵圆形或宽椭圆形，呈红褐色；花期 10 ～ 11 月，球果翌年 10 月成熟。

生态习性：雪松适应范围很广。喜光，较耐寒，忌湿热，不耐涝，耐干旱贫瘠的土壤，尤喜深厚肥沃、排水良好的酸性土壤；抗风、抗烟能力差。

园林用途：雪松在园林中应用广泛，因其姿态优美、树形高大，适合孤植、对植、列植、群植等。

叶
枝

果

公园应用：雪松栽植于公园南门、五角亭、北门附近。公园南门入口处采用了对植的方式，犹如两株迎客松，迎八方宾朋；北门处采用列植的方式，显得挺拔而威严，更加衬托出北伐将士纪念碑的气势宏伟、庄严肃穆。

公园应用

公园应用

2. 油松

拉丁学名： *Pinus tabulaeformis* Carr.

科属： 松科松属

形态特征： 常绿乔木，原产地高可达 30m（郑州地区高 5 ~ 8m），胸径可达 1m；树皮裂成不规则鳞状；大枝平展或斜向上，老树平顶；针叶 2 针 1 束，深绿色，树脂道边生；雄球花圆柱形；球果，鳞脐有刺；花期 4 ~ 5 月。

生态习性： 喜光、喜干冷气候，在土层深厚且排水良好的土壤中生长良好。

园林用途： 油松树干挺拔苍劲，四季常春，不畏风雪严寒，是很好的园林绿化景观树种。在园林中可孤植、丛植。

公园应用： 油松栽植于公园北门两侧，其与景石、小乔木、灌木、草花搭配，形成高低错落、层次分明且精巧雅致的对称型入口景观。

公园应用

3. 黑松

拉丁学名：*Pinus thunbergii* Parl.

科属：松科松属

形态特征：常绿乔木，原产地高达 40m（郑州地区高 4 ～ 6m），胸径可达 2m；树皮灰黑色，裂成块片脱落；小枝淡黄褐色，无毛，冬芽灰白色；针叶 2 针 1 束，粗硬，深绿色，树脂道中生；球果圆锥状卵形，鳞脐有刺，成熟时褐色；花期 3 ～ 4 月，球果翌年 10 月成熟。

生态习性：强阳性树种；耐干旱、贫瘠及盐碱，抗海潮风，抗松毛虫及松干蚧能力较强。

园林用途：黑松冠形优美，枝叶苍劲，是很好的园林绿化景观树种，还可用作沿海城市的海防林。园林中可孤植、丛植。

公园应用：黑松栽植于沉香园，树冠苍翠，树姿优美，与梅、竹搭配种植，组成意境鲜明的“岁寒三友图”。

叶

果

花

公园应用

4. 白皮松

拉丁学名： *Pinus bungeana* Zucc. ex Endl.

科属： 松科松属

形态特征： 常绿乔木，原产地高达 30m（郑州地区高 3 ~ 5m）；幼树树皮绿褐色，老树树皮乳白色，不规则薄鳞片剥落后留下黄白色斑块；针叶 3 针 1 束，粗硬，叶背面和腹面均有气孔线，叶鞘早落；球果卵圆形或圆锥状卵圆形，鳞脐有刺，成熟时黄褐色；种子有短翅；花期 4 ~ 5 月，球果翌年 10 ~ 11 月成熟。

生态习性： 喜光树种；耐贫瘠及较干冷气候，在轻盐碱地和肥厚的钙质土及黄土上生长良好；对二氧化硫及烟尘抗性强。

园林用途： 白皮松树形古雅，干皮斑驳美观，为珍贵庭院观赏树种。常植于公园、庭院、寺庙及墓地，古代皇家园林中也常有栽培。单独成景，或与山石、建筑、植物配置成景。

公园应用： 白皮松栽植于西花园入口处。

叶
花
果
公园应用

5. 云杉

拉丁学名：*Picea asperata* Mast.

科属：松科云杉属

形态特征：常绿乔木，原产地高达 45m，郑州地区为小乔木，株高不超过 5m；树皮淡灰褐色，裂成不规则鳞片状；小枝淡黄褐色或淡黄色，常具密生或疏生短毛；针叶四棱状线形，横切面菱形，先端尖，灰绿色或蓝绿色；球果圆柱形，成熟前绿色，成熟时淡褐色或栗褐色；花期 4 月，球果 9 ~ 10 月成熟。

生态习性：云杉为浅根性树种。较喜光，耐阴，耐干燥寒冷气候，在气候凉润、土层深厚、排水良好的微酸性土壤中生长迅速。

园林用途：云杉树形优美，枝叶茂密，是很好的庭院观赏树和风景树，可孤植、片植等。

公园应用：云杉栽植于公园棕榈园。

枝叶

叶

果

公园应用

6. 青杆

拉丁学名：*Picea wilsonii* Mast.

科属：松科云杉属

形态特征：常绿乔木，原产地高可达 50m（郑州地区高约 3m）；树皮灰色或暗灰色，裂成不规则鳞状块片脱落；小枝色浅；针叶较短，横切面菱形和扁菱形，四面均为绿色，先端尖；球果，成熟前绿色；花期 4 月，果熟期 10 月。

生态习性：耐阴，喜温暖凉爽气候，在湿润、深厚且排水良好的酸性土壤中生长良好。

园林用途：青杆树姿美观，树冠茂密翠绿，是园林绿化的重要树种，是北方地区“四旁”绿化、园林绿化、庭院绿化常用的树种。

公园应用：青杆栽植于公园牡丹园。

叶

枝

公园应用

7. 侧柏

拉丁学名：*Platycladus orientalis* (L.) Franco.

科属：柏科侧柏属

形态特征：常绿乔木，高可达20m；幼树树冠尖塔形，老树广圆形；树皮淡灰褐色，纵向开裂；小枝片状竖向排列；鳞状叶，对生，长1～3mm，两面均为绿色，先端钝；球果卵形，果鳞厚木质，先端弯曲；花期3～4月，果熟期9～10月。

生态习性：喜光，忌涝，对气候适应性强，耐干旱贫瘠和盐碱地。

园林用途：侧柏是我国特产树种，树干挺直，枝干苍劲，叶色苍翠，自古以来，常栽植于寺庙、陵园和庭院中，一般采取列植、片植的形式，亦可作行道树，凸显其古朴、雄伟、高雅。

公园应用：公园前身是北伐阵亡将士陵园，园内松柏类植物较多，侧柏主要片植于公园东柏林、西柏林等处，营造出严肃、静谧的气氛，一排排整齐如卫士，守护着北伐将士的英魂。

枝叶

花

果

公园应用

8. 圆柏（桧柏）

拉丁学名： *Sabina chinensis* (L.) Ant

科属： 柏科圆柏属

形态特征： 常绿乔木，原产地高达 20m（郑州地区可达 10 ~ 20m）；树干皮条状纵裂，树冠圆锥形至广圆形，叶具二型：成年树及老树以鳞叶为主，幼树常为刺叶，上面微凹，有两条白色气孔带；果球形，径 6 ~ 8mm，褐色，被白粉，翌年成熟。常见的变种变型及栽培变种有：龙柏‘Kaizuka’、塔柏‘Pyramidalis’等。

叶

生态习性： 原产我国北部及中部，喜光，幼树稍耐阴，耐寒，耐干旱瘠薄，较耐湿，在酸性、中性及钙质土上均能生长。

园林用途： 是优良的园林绿化及观赏树种；其耐修剪，易整形，常作为绿篱植物应用。

公园应用： 圆柏栽于公园月季种植中心等处，或孤植于空旷的绿地内，或对植于道路两侧，其树姿高大挺拔，独立成景。

公园应用

9. 北美香柏（美国侧柏、香柏）

枝叶

拉丁学名：*Thuja occidentalis* L.

科属：柏科崖柏属

形态特征：常绿乔木，原产地高可达20m；树皮红褐色；大枝平展，小枝片扭旋近水平或斜向排列；鳞叶先端突尖，中间鳞叶具散发香味的油腺点；球果长卵形，种子扁平，周围有窄翅。

生态习性：原产于北美，生长慢，寿命短。

园林用途：美国香柏因叶片被揉碎后具有浓烈的香气，受到人们广泛的喜爱，广泛应用于规整式园林中。

公园应用：美国香柏孤植于沉香园，与常绿植物广玉兰、桂花及草坪搭配，形成香气四溢的园林效果，因其叶揉碎后具浓郁香气，与沉香园内其他香氛植物相得益彰。

果

公园应用

10. 杜松

拉丁学名：*Juniperus rigida* Sieb. er Zucc.

科属：柏科刺柏属

形态特征：常绿乔木，高可达 10m；树冠窄塔形至圆锥形；大枝直立，小枝下垂；刺叶针形，坚硬，上面有深槽，内有一条白粉带，背面有明显纵脊；果球形，熟时淡褐色或蓝黑色；花期 5 月，果翌年 10 月成熟。

生态习性：喜光，耐寒，耐干旱、贫瘠，对土壤适应性强。

园林用途：杜松树形优美，枝条浓密下垂，是北方常见的园林绿化树种。园林上宜作公园、庭院、绿地观赏树。常孤植、对植、列植；还可栽植成绿篱、盆景。

公园应用：杜松栽植于公园西草坪。

枝叶

叶

叶

公园应用

11. 荷花玉兰（广玉兰）

拉丁学名：*Magnolia grandiflora* L.

科属：木兰科木兰属

形态特征：常绿乔木，原产地高达 30m；叶厚革质，椭圆形或倒卵状椭圆形，长 10 ~ 20cm，表面亮绿色，背面有锈色绒毛；花大、白色、芳香，荷花状；花期 5 ~ 6 月，果熟期 10 月。

生态习性：喜光，喜温暖湿润气候，喜湿润肥沃土壤，不耐寒，对烟尘及二氧化硫有较强抗性。

园林用途：荷花玉兰树形伟岸，叶质厚而光亮，芳香馥郁，形如荷花，是珍贵的城市绿化和观赏树种。可孤植于开阔的公园、广场等的草坪、花坛中；也适宜于列植、对植在道路旁、绿化带等处，还可用作行道树。

公园应用：荷花玉兰栽植于公园管理处附近，采用列植的形式植于开阔的环路旁，四季常绿，花大优雅，给人以恬静的美感。

枝叶

花

果

公园应用

12. 深山含笑

拉丁学名：*Michelia maudiae* Dunn.

科属：木兰科含笑属

形态特征：常绿乔木，原产地高达20m；全株无毛；叶长椭圆形，长7～18cm，革质，背面有白粉，叶脉细密，托叶痕不延至叶柄；花白色，芳香，花被片9；花期2～4月，果熟期9～10月。

生态习性：中性偏阴树种。喜温暖湿润气候和湿润肥沃土壤，有一定的耐寒能力，对二氧化硫抗性强。

园林用途：深山含笑花洁白如玉，芳香浓郁，是良好的园林和四旁绿化树种。多配置在庭院及绿地上用作景观树，可孤植、丛植、群植。

公园应用：深山含笑栽植于木兰园，采用丛植的形式与玉兰、灌木、草坪进行配置，花开时节，芳香诱人，令人流连忘返。

13. 樟（香樟）

花

拉丁学名： *Cinnamomum camphora* (L.) Presl

科属： 樟科樟属

形态特征： 常绿乔木，原产地高达 30m，最高可达 50m；树冠庞大，开阔，干皮灰褐色，纵裂；全株具香味；单叶互生，薄革质，卵状椭圆形，离基三出脉，具腺体，全缘，背面灰绿色；花两性；果球形，熟时紫黑色；花期 4 ~ 5 月，果熟期 10 ~ 11 月。

生态习性： 喜光，稍耐阴，不耐寒，喜温暖湿润气候，耐水湿，不耐旱，在肥沃湿润的微酸性黏质土壤中生长最好。

园林用途： 樟树姿优美，四季常青，枝叶茂密，是城市绿化的优良树种，常用作行道树、庭荫树、风景树栽植，可孤植、丛植、群植。

公园应用： 樟栽植于南广场西侧，樟四季常青，树干通直，散发香气，丛植于开阔的草坪上。既可欣赏其个体美，也可欣赏其群体美。

枝叶

果

公园应用

14. 枇杷

拉丁学名： *Eriobotrya japonica* (Thunb.) Lindl.

科属： 蔷薇科枇杷属

形态特征： 常绿小乔木，高达10m；小枝粗壮，密生锈色绒毛；单叶互生，革质，叶背有锈色绒毛，长椭圆状倒披针形；先端尖，基部楔形，边缘有疏锯齿，侧脉粗壮，表面羽状脉凹入；圆锥花序顶生，密生锈色绒毛，花白色，顶生；果球形，橙黄色；花期10～12月，果熟期翌年5～6月。

花

生态习性： 喜光，稍耐阴，不耐寒，喜温暖湿润气候，在肥沃湿润且排水良好的中性或偏酸性土壤中生长良好。

园林用途： 枇杷树形整洁美观，叶大荫浓，四季常青，“秋孕冬花如雪，春实夏熟如金”，是优良的观叶、观花、观果树种。在园林上多用作庭院、广场、道路的风景树，可孤植、群植、丛植。

公园应用： 枇杷栽植于木兰园、东环路等处，其孤植、丛植在公园绿地中，冬日观白花满树，初夏观黄果累累，分外诱人。

叶

果

公园应用

15. 女贞

拉丁学名：*Ligustrum lucidum* Ait.

科属：木犀科女贞属

形态特征：常绿乔木，高6～15m；树皮灰色光滑；小枝无毛，有皮孔；叶革质全缘，无毛，卵形至卵状长椭圆形，先端尖；圆锥花序顶生，花白色；核果椭圆形，成熟时蓝黑色，被白；花期6～7月，果熟期10～12月。

生态习性：喜光，稍耐阴，较耐寒，不耐干旱贫瘠，喜温暖湿润气候，耐轻度盐碱，在深厚肥沃的土壤上生长良好。

园林用途：女贞树冠圆整优美，四季常青，枝叶茂密，是园林中常用的观赏树种。园林上多用作行道树，也可在庭院中孤植、行植和列植；又因其生长快、耐修剪，可用作绿篱。

公园应用：女贞孤植于宽阔的草坪地，四季常青；丛植于东环路，与低矮的灌木、地被、草坪搭配，营造出错落有致、层次丰富的自然景观。

叶

花

果

公园应用

16. 桂花（木犀）

拉丁学名：*Osmanthus fragrans* (Thunb.) Lour.

科属：木犀科木犀属

形态特征：常绿灌木或小乔木，高可达 12m；树皮呈灰色，无裂痕；叶腋具叠生芽，叶硬革质，单叶对生，长椭圆形或椭圆状披针形，全缘或上部有疏生锯齿；小花淡黄色，具浓香，簇生于叶腋或组成聚伞花序；核果椭圆形，成熟时蓝紫色；花期 9 ~ 10 月。

生态习性：喜光，耐半阴，喜温暖气候，不耐寒，耐干旱贫瘠，在肥沃且排水良好的腐殖质沙质土壤中生长更好。

园林用途：桂花枝叶繁茂，四季常青，花香浓郁，是传统的庭院观赏树种。在园林上，常作观花闻香的园景树，多孤植、片植。

栽培品种：因花色、花期不同，栽培品种可分为金桂（花黄色至深黄色）、银桂（花金白色或黄白色，花香气较浓）、丹桂（花橘红色或橙黄色，香味差）、四季桂（花黄白色，花期长）。

公园应用：桂花栽植于沉香园、五角亭附近。公园内栽植主要采取片植的形式，与落叶乔木或是常绿灌木配置造景，组成丰富的林貌和四季季相变化的植物景观，秋季香飘数里，满园幽香。

叶　花　果　公园应用

17. 棕榈

拉丁学名： *Trachycarpus fortunei* (Hook.) H.Wendl.

科属： 棕榈科棕榈属

形态特征： 常绿乔木，高可达 10m；茎圆柱形，不分枝，被纤维网状叶鞘；叶簇生于顶，近圆形，径 50 ～ 70cm，掌状裂深达中下部，裂片硬直，先端下垂，叶柄较长，具细齿；圆锥状肉穗花序腋生，花小黄色；核果肾状球形，蓝褐色；花期 4 ～ 5 月，果熟期 10 ～ 12 月。

生态习性： 喜光，稍耐阴，喜温暖湿润气候，是棕榈科中耐寒性最强的植物。

园林用途： 棕榈挺拔秀丽，叶形奇特，南方多用作行道树。可丛植或片植于草坪、假山、湖畔及庭院，在园林上起到画龙点睛的景观效果。

公园应用： 棕榈主要分布于棕榈园，西环路中段也有少量栽植。棕榈园是以棕榈为主景树的专类园，与廊架、凉亭、风车搭配造景，以棕榈自然的曲线美感衬托规则式建筑形体，软质景观与硬质景观完美结合，营造出独特的南国风光。

叶

花

公园应用

二、落叶乔木

18. 银杏（白果）

叶

拉丁学名：*Ginkgo biloba* L.

科属：银杏科银杏属

形态特征：落叶乔木，高可达 40m；雌雄异株；树皮呈灰褐色，深纵裂；叶扇形，先端有深或浅的缺刻，常呈 2 裂状，叶柄较长，在短枝上簇生，在长枝上互生；种子核果状；花期 3 ~ 4 月，种子成熟期 9 ~ 10 月。

生态习性：深根性树种。喜光，耐寒，耐干旱贫瘠，不耐湿热，忌盐碱，在肥沃且排水良好的中性及微酸性的沙质土壤中生长良好。

花

园林用途：银杏树干端直苍劲，树姿伟岸，叶形如扇，秋季金黄，古雅别致，是世界著名的园林绿化树种，被誉为“活化石”。在园林上，常作行道树、庭荫树、风景树，多孤植、对植、列植等。

公园应用：银杏分布在南广场、牡丹园等处。采用群植和列植的形式与常绿植物石楠、黄杨及紫薇、红花檵木、美人梅等花灌木进行配置，春夏季节银杏绿叶衬托花灌木繁盛的花朵，秋季银杏叶色变黄，与常绿植物形成黄绿相间的色彩效果，非常漂亮。

公园应用

19. 水杉

拉丁学名：*Metasequoia glyptostroboides* Hu et Cheng

科属：杉科水杉属

形态特征：落叶乔木，高可达 35 ~ 40m；幼树树冠尖塔形，老树为广圆形；树皮灰褐色，纵向开裂；大枝不规则轮生，小枝对生；叶对生，扁线形，柔软，淡绿色，呈羽状排列；花雌雄同株；球果，近球形，成熟时深褐色；花期 2 月下旬，果熟期 11 月。

枝叶

生态习性：喜光，较耐寒，喜温暖湿润气候，忌涝和长期干旱，对土壤要求不严，但在深厚肥沃及排水良好的土壤中生长最好。

园林用途：水杉树干通直，树姿优美，枝叶秀丽，是著名的园林观赏树种。在园林上，常用作庭荫树、行道树、园林背景树，多行植与片植，使景观高耸秀丽；还可孤植、丛植等。

果

公园应用：水杉秋季叶色棕红，分布在公园月季种植中心、南广场等处。水杉丛植于南广场，犹如一个个站岗的哨兵，雄伟挺拔；孤植于月季种植中心花丛中，与常绿柏树、落叶小乔木搭配，形成高低错落、四季景色宜人的园林景观。

公园应用

20. 杂种鹅掌楸

拉丁学名： *Liriodendron chinense* × *tulipifera*

科属： 木兰科鹅掌楸属

形态特征： 鹅掌楸与美国鹅掌楸杂交而成。落叶乔木，高可达 50m；树干紫褐色，有皮孔；叶马褂状，两侧各有 1～3 浅裂，顶部平截；花浅黄绿色，郁金香状；花期 4～5 月。

生态习性： 喜光，耐寒，适应性强。

园林用途： 杂种鹅掌楸树形高大，叶形奇特，花大艳丽，是优良的园林观赏树种。适宜于栽植在草坪上或庭院中，可孤植、群植或与其他植物混交栽植。

公园应用： 杂种鹅掌楸栽植于木兰园内，三五棵丛植于草坪区域，周围搭配南天竹、黄杨、八角金盘、洒金桃叶珊瑚等常绿灌木，更衬托了杂种鹅掌楸的高大挺拔，营造出幽静、祥和、优雅的园林氛围。

枝叶

花

果

公园应用

21. 玉兰（白玉兰）

叶

拉丁学名： *Magnolia denudata* Desr.（*M. heptapeta* Dandy）

科属： 木兰科木兰属

形态特征： 落叶乔木，高可达 15 ~ 20m；树冠卵形或近球形；幼枝与芽上均有柔毛；叶倒卵状椭圆形，幼时背面有毛，先端突尖或钝，基部圆形或广楔形；早春花先叶开放，花形大，白色，肉质，具香味，花萼与花瓣相似。

生态习性： 喜光，较耐寒，耐干旱，忌积水，在肥沃湿润及排水良好的酸性土壤上生长良好。

园林用途： 白玉兰花大洁白，先叶开放，芳香馥郁，是著名的园林观赏树种。在园林上，常栽植于绿地、庭院、草坪边等，可与海棠、牡丹、桂花共同栽植，寓意“玉、棠、富、贵”。

公园应用： 玉兰分别采用列植、群植、孤植等形式栽植于木兰园、南门口，形成了较好的景观效果。列植时，犹如雪涛云海，蔚为壮观；群植于草坪时又给人一种纯净雅致的美感，吸引了众多游客驻足观赏。

花

果

公园应用

22. 武当玉兰（应春树）

拉丁学名：*Magnolia sprengeri* Pamp.

科属：木兰科木兰属

形态特征：落叶乔木，高可达 20m；叶倒卵形，长可达 10 ~ 17cm，先端急尖或急短渐尖，基部楔形，全缘，背面幼时具柔毛；叶前开花或花叶同放，花外面粉色或紫红色，里面色浅；聚合果圆柱形，红色，长达 13cm；花期 3 月，果熟期 7 ~ 8 月。

叶

生态习性：喜光，耐寒，忌低湿，喜肥沃、排水良好而带微酸性的沙质土壤，在弱碱性的土壤上亦可生长。

园林用途：武当玉兰花大美丽，具芳香，是优良的庭院观赏树种。宜作庭院、绿地、草坪观赏树，可孤植、群植；或与其他树种混合搭配，形成美丽的景观效果。

公园应用：武当玉兰孤植于南广场，株型挺拔伟岸，其花白色外带玫瑰红色，春季最先开花，给观赏者一种强烈的视觉感观。武当玉兰下层搭配锦带、沙地柏等开花和常绿灌木，丰富了植物层次，提升了园林景观美感。

花

果

公园应用

23. 望春玉兰（望春花）

拉丁学名：*Magnolia biondii* Pamp.

科属：木兰科木兰属

形态特征：落叶乔木，高可达 12m；叶长椭圆状披针形或卵状披针形，长可达 10 ~ 18cm，侧脉 10 ~ 15 对，全缘；花瓣 6 片，白色，基部带紫红色，具芳香，萼片 3 枚，紫红色，叶前开花；聚合果圆柱形，长 8 ~ 14cm，常因部分不育而扭曲；花期 3 月，果熟期 9 月。

花

生态习性：喜光，喜温凉湿润气候及微酸性土壤。

园林用途：望春玉兰树形优美，花色素雅，气味浓郁芳香，是优良的园林观赏树种。在山区、丘陵、平原、城乡、庭院均可栽植。

公园应用：望春玉兰孤植于南草坪北侧，叶大浓绿，树形挺秀，花开时节，花繁似锦。周围配置夹竹桃、竹、锦带等灌木，有效遮挡了后方硬质的建筑物，起到了较好的分割空间作用。

叶

果

公园应用

24. 悬铃木（英桐、二球悬铃木）

拉丁学名：*Platanus*× *acerifolia* (Ait.) Willd. (*P.* ×*hispanica* Muenhh)

科属：悬铃木科悬铃木属

花

形态特征：悬铃木是法桐与美桐的杂交种。落叶乔木，高可达35m；树皮呈灰绿色，薄片状剥落后呈绿白色；枝条开展，幼枝密生绒毛；叶掌状3～5裂，中裂片长、宽近等长，缘有不规则大尖齿，基部阔楔形或截形，幼叶有星状毛；叶柄长；有托叶，长1～1.5cm；球果2个1串；花柱宿存，呈刺状；花期4～5月，果熟期9～10月。在植物学上，悬铃木科悬铃木属的植物一共有3种，分别是美桐（一球悬铃木）、英桐（二球悬铃木）、法桐（三球悬铃木）。现公园栽植的被人们习惯称为“法桐”的植物其实均为二球悬铃木（即英桐）。

生态习性：喜光，喜温暖气候，抗寒，适应性强，抗烟尘，耐修剪，生长快。

园林用途：悬铃木树体高大，树干通直，枝叶茂密，遮阳效果极好，是世界著名的行道树种，有“行道树之王”的美称。在园林上，常作行道树和庭荫树栽植，但其果成熟后大量带毛种子随风飘扬，对环境造成一定损害。

公园应用：悬铃木位于西门附近、南广场等处，采用列植、孤植的形式进行公园应用。西门附近采取了列植的形式栽植于园路两旁，更显庄重威严，蔚为壮观；悬铃木孤植于南大草坪，其广阔的树冠不仅能有效遮阳，而且营造出了柔美、宜人的氛围。

叶

果

公园应用

25. 北美枫香

拉丁学名： *Liquidambar styraciflua* L.

科属： 金缕梅科枫香属

形态特征： 落叶乔木，高可达 30m；小枝红褐色，有木栓质翅；单叶互生，5 ～ 7 掌状裂，缘有锯齿，基部心形，背面主脉有明显白簇毛；花单性同株，无花瓣；蒴果聚集成球形花序，宿存花柱及萼齿，针刺状；花期 3 ～ 4 月，果熟期 10 月。

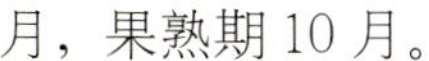

花

生态习性： 喜光，喜温暖湿润气候，耐干旱贫瘠，对土壤要求不严，抗风。

园林用途： 北美枫香树高干直，秋叶红艳，美丽壮观，是著名的园林观赏彩叶树种。在园林中，常作庭荫树，或孤植于草坪中，或栽植于山坡、湖畔旁，与其他常绿植物搭配，红绿相衬，格外美丽。

公园应用： 北美枫香栽植于牡丹园南侧及陶然山北侧。其为彩叶树种，果实下垂美观，与雪松、七叶树、大叶黄杨绿篱配置，可营造出色彩对比鲜明、层次分明的景观效果。

枝叶

果

公园应用

26. 杜仲

花

拉丁学名：*Eucommia ulmoides* Oliv.

科属：杜仲科杜仲属

形态特征：落叶乔木，高可达20m；树冠圆球形；小枝光滑，具片状髓；单叶互生，椭圆状卵形，先端渐尖，缘有锯齿，老叶表面网脉下陷，皱纹状；花单性异株，无花被；翅果长椭圆形，扁平，顶端2裂；枝、叶、果断裂后有白色弹性丝相连。果熟期10～11月。

生态习性：喜光，不耐阴，耐寒，喜温暖湿润气候，对土壤适应性强，但在过涝及过于贫瘠的土壤中生长不好。

园林用途：杜仲树干端直，树形优美，枝繁叶茂，是我国特有的园林绿化树种。在园林上，常作行道树、庭荫树和风景林，可孤植、列植和群植。

公园应用：杜仲孤植于南草坪北侧，叶色浓绿，遮阳面大，季相景观变化明显，是理想的庭荫树种。因其郁闭性较强，下层应栽植耐阴的地被植物，既保证了上层植物的景观效果，又避免了黄土裸露。

叶

果

公园应用

27. 榆树（白榆、家榆）

拉丁学名：*Ulmus pumila* L.

科属：榆科榆属

形态特征：落叶乔木，高可达25m，胸径可达1m；树皮灰色，纵向裂，较粗糙；树冠圆球形；小枝灰色，细长，呈二列状；叶卵状长椭圆形，基部稍歪，边缘有不规则单锯齿；花先叶开放，簇生于上一年生枝上；翅果圆形，种子居中部；花期3～4月，果熟期4～6月。

花

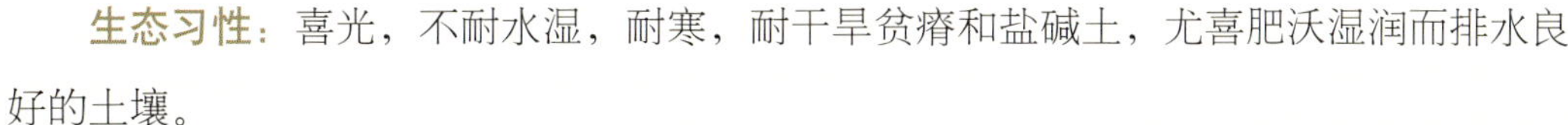

生态习性：喜光，不耐水湿，耐寒，耐干旱贫瘠和盐碱土，尤喜肥沃湿润而排水良好的土壤。

园林用途：榆树干通直，树形高大，枝叶繁茂，是北方常用的城乡绿化树种。在园林上，常作行道树、庭荫树、四旁绿化等，可列植、孤植和群植。

栽培变种：‘垂枝榆’，枝下垂，树冠呈伞状；‘龙爪榆’，小枝卷曲下垂，树冠球形；‘钻天榆’，生长迅速，树冠狭窄。

公园应用：榆树栽植于东环路，为本地乡土树种，易于管理。因其树体高大，故其作为中心景观单独成景，发挥中心视点和引导视线的作用。

叶

果

公园应用

28. 裂叶榆

拉丁学名： *Ulmus laciniata* (Trautv.) Mayr.

科属： 榆科榆属

形态特征： 落叶乔木，高可达25m；叶倒卵形，先端5～6裂，基部歪斜，缘有重锯齿，表面粗糙，背面有毛；翅果椭圆形。

生态习性： 喜光，稍耐阴，耐干旱瘠薄，在土壤深厚肥沃且排水良好的地方生长良好。

园林用途： 裂叶榆树形美观、裂叶独特，是很好的绿化树种。园林上，可孤植或丛植或作庭荫树。

公园应用： 裂叶榆栽植于南草坪，其树形美观，叶形靓丽，孤植于草坪中、园路边单独成景。

叶

果

叶.果

公园应用

29. 朴树（沙朴）

拉丁学名：*Celtis sinensis* Pers.

科属：榆科朴属

形态特征：落叶乔木，高可达20m；树皮不裂；树冠扁球形；小枝幼时有毛；叶卵状椭圆形，基部不对称，边缘上部有钝锯齿，表面有光泽，背面有毛；果熟时橙红色，果柄与叶柄近等长；花期4月，果熟期9～10月。

生态习性：喜光，耐寒，稍耐阴，耐轻度盐碱，在温暖气候及肥沃湿润深厚的中性黏质土壤中生长良好。

园林用途：朴树冠大叶密，叶色美观，是城乡绿化的重要树种。在园林上，常作庭荫树，也有用作行道树或防护林等，可孤植、列植、丛植等。

公园应用：朴树栽植于东柏树林，与高大的常绿灌木和开花灌木相搭配，更显其高大挺拔。

叶

花

果

30. 珊瑚朴（大果朴）

拉丁学名： *Celtis julianae* Schneid.

科属： 榆科朴属

形态特征： 落叶乔木，高可达 25m；树冠卵球形，树皮灰色光滑；小枝、叶被及叶柄均密被黄褐色绒毛；叶宽大，卵形至倒卵状椭圆形，长 6 ~ 14cm，先端短尖，基部近圆形，缘有钝锯齿，背面网脉隆起；核果大，熟时橙红色；花期 4 月，果熟期 10 月。

花

生态习性： 喜光，稍耐阴，喜温暖湿润气候，也耐干旱，对土壤适应性强，但在湿润肥沃的土壤中生长最好。

园林用途： 珊瑚朴树高干直，树姿雄伟，冬季及早春枝上生满红褐色花序，状如珊瑚，颇为美观。在园林绿地中常作观赏树或庭荫树，宜孤植、丛植或列植，也可用作厂矿区绿化、街道绿化及四旁绿化树种。

公园应用： 珊瑚朴三两株植于沉香园草坪中，其挺拔高大的树体，茂密浓郁的树冠，下层搭配黄栌等色叶树种，形成了色彩分明的园林景观，同时也为市民游客打造了观赏、乘凉的良好场所。

叶

果

公园应用

31. 龙桑

拉丁学名： *Poliothyrsis sinensis* Oliv.

科属： 桑科桑属

形态特征： 为桑树栽培变种，落叶乔木；树皮黄褐色；小枝呈龙游状扭曲；单叶互生，卵形或广卵形，先端尖，基部近圆形或心形，缘有钝锯齿，表面光滑，背面脉腋有簇毛；花雌雄异株；聚花果圆柱形，熟时变成紫黑色；花期4月，果熟期5～6月。

生态习性： 喜光，不耐阴，喜温暖气候，较耐寒，耐干旱贫瘠和水湿，对土壤适应性强。

园林用途： 龙桑树冠宽阔，枝条奇特，具有较高的观赏价值。在园林绿地中常作观赏树和庭荫树，尤其适宜工矿区及四旁绿化。

公园应用： 龙桑孤植于海棠筱苑，与海桐、海棠、榆叶梅等花灌木搭配，形成高低错落、层次分明、鸟语花香的自然景观。

叶

花

果

公园应用

32. 构树

果

拉丁学名： *Broussonetia papyrifera* L.

科属： 桑科构属

形态特征： 落叶乔木，高可达 16m；树皮不裂；小枝密生丝状刚毛；单叶互生，稀对生，卵形，时有不规则深裂，缘有粗齿，两面密生柔毛，叶柄长 3 ~ 8cm；花单性异株；聚花果球形，熟时橘红色；花期 4 ~ 5 月，果熟期 6 ~ 7 月。

生态习性： 喜光，耐干旱贫瘠，耐水湿，多生于石灰岩山地。

园林用途： 构树枝叶茂密，抗性强，是城乡绿化的重要树种，尤其适合用作矿区及荒山坡地绿化，亦可选做庭荫树及防护林用。

公园应用： 构树栽植于公园避震中心门前、海棠筱苑，作为本地的乡土树种，易于管理，其外形虽较粗野，但枝繁叶茂，故常用于遮挡视线、分隔空间的上层树种，搭配桂花、锦带等常绿、落叶花灌木，形成了层次分明、浓重厚实的植物景观墙。

叶

花

公园应用

33. 核桃

拉丁学名： *Juglans regia* L.

科属： 胡桃科胡桃属

形态特征： 落叶乔木，高可达 30m；树冠广卵形至扁球形；树皮银灰色；小枝粗壮，近无毛；奇数羽状复叶，小叶 5 ~ 9 片，椭圆形、卵状椭圆形至倒卵形，全缘；雄花为柔荑花序，雌花为顶生穗状花序，单性同株；核果大，肉质外皮不开裂，果核有两条纵棱；花期 4 ~ 5 月，果熟期 9 ~ 11 月。

生态习性： 喜光，不耐阴，耐干冷，忌湿热，喜温凉气候，在深厚肥沃湿润且排水良好的微酸性及弱碱性土壤中生长良好。

园林用途： 核桃树冠雄伟，绿荫如盖，清香扑鼻，是良好的园林观赏树种。在园林上，常作庭荫树和行道树，还可栽植于绿地及公园空隙草坪中，多孤植、群植等。

公园应用： 核桃孤植、列植于五角亭、南广场附近，在南广场作为行道树，整齐排列，与南广场规则式园林相互呼应，更显得庄严肃穆。

叶

花

果

34. 枫杨

拉丁学名：*Pterocarya stenoptera* C，DC.

科属：胡桃科枫杨属

形态特征：落叶乔木，高可达 30m，胸径可达 1m 以上；枝具片状髓；羽状复叶，叶轴有窄翅，小叶 10 ~ 16 片，长椭圆形，缘具细锯齿；果序成串下垂，坚果近球形，具 2 长翅；花期 4 ~ 5 月，果熟期 8 ~ 9 月。

生态习性：喜光，稍耐寒，喜温暖湿润气候，耐低湿，对土壤适应性强。

园林用途：枫杨树冠宽广，枝叶茂密，果序美观，是良好的城市园林绿化树种。多用作城市行道树及庭荫树，因其根系发达，常植于河谷岸边及沟旁固堤护岸。

公园应用：枫杨孤植于南草坪北侧、东柏树林，其冠大荫密，周围配置八角金盘、南天竹等灌木，形成了乔、灌、草搭配组成的植物群落，四季可观。

叶

花

果

公园应用

35. 华榛

拉丁学名： *Corylus chinensis* Franch.

科属： 桦木科榛属

形态特征： 落叶乔木，高可达 40m；幼枝密被毛及腺毛；叶广卵形或卵状椭圆形，长 8 ~ 18cm，先端渐尖，基部歪心形，缘有不规则钝齿；坚果常 3 枚聚生，总苞片瓶状，上部深裂。

生态习性： 喜温暖湿润气候，在深厚肥沃的中性及酸性土壤中生长良好。

园林用途： 华榛树形高大雄伟，树干通直，可孤植、群植于园林绿地中进行观赏。

公园应用： 华榛孤植于东柏树林门球场旁，郁郁葱葱的华榛下搭配常绿地被植物扶芳藤，避免了黄土裸露，提升了整体园林景观效果。

雌花

叶

雄蕊花序

果

公园应用

36. 千金榆

拉丁学名：*Carpinus cordata* Bl.

科属：桦木科鹅耳枥属

形态特征：落叶乔木，高可达18m；树皮灰色；小枝及叶柄幼时有毛；叶椭圆形或卵形，长8～14cm，先端尾尖，基部心形，缘有重锯齿；果苞膜质，椭圆形，排列紧密，坚果矩圆形。

生态习性：喜光，耐旱，耐热，喜排水良好的湿润土壤。

园林用途：千金榆冠形优美，枝叶排列紧密，秋色美丽。园林上常用作行道树和庭院树。

公园应用：千金榆两三株丛植于东柏树林门球场旁，以八角金盘和扶芳藤为下层植物，常绿造型植物为背景，秋季其叶片金黄色与常绿植物形成鲜明的对比，甚是美观。

叶

果序

公园应用

37. 糯米椴

拉丁学名： *Tilia henryana* Szysz.

科属： 椴树科椴树属

形态特征： 落叶乔木，高可达 15m 以上；小枝幼时有毛，后脱落；叶广卵形或近圆形，长 6 ~ 10cm，锯齿端长芒状，基部歪心形，脉腋有簇毛；聚伞花序，花约 20 朵，具退化的雄蕊，具浓郁的香气；坚果有 5 棱；花期 6 ~ 7 月，果熟期 9 ~ 10 月。

叶

生态习性： 喜光，耐阴，耐寒，喜凉润气候，在深厚肥沃及湿润的土壤中生长良好。

园林用途： 糯米椴树姿雄伟，枝叶浓郁，花有香气，具有较高的观赏价值，是北方优良的城市行道树及园林绿地观赏树。

花

公园应用： 糯米椴孤植于南草坪，其树形高大挺拔，四周以座椅围栏相隔，便于市民纳凉休憩。

果

公园应用

38. 梧桐（青桐）

拉丁学名： *Firmiana Platanifolia* (L.f.) Marsili

科属： 梧桐科梧桐属

形态特征： 落叶乔木，高可达 20m；树皮光滑，绿色；叶心形，掌状 3 ~ 5 裂，裂片全缘；圆锥花序顶生，单性同株，无花瓣，萼片 5 深裂；蓇葖果膜质；花期 6 ~ 7 月，果熟期 9 ~ 10 月。

生态习性： 深根性树种。喜光，耐寒，耐干旱贫瘠，不耐湿热，忌盐碱，在肥沃且排水良好的中性及微酸性的沙质土壤中生长良好。

园林用途： 梧桐树干平滑翠绿，叶大茂盛，挺拔魁梧，是我国传统的观赏花木。在园林上，常孤植于草坪上、庭院中，还可丛植、作行道树等。

公园应用： 梧桐孤植于沉香园廊架旁，其具有深厚的文化内涵，是君子品格的象征。在梧桐旁配以文化长廊，搭配低矮园林花木、景石，形成人文气息浓厚、意境深远的园林景观。

叶

花

果

公园应用

39. 毛白杨

拉丁学名：*Populus tomentosa* Carr.

科属：杨柳科杨属

形态特征：落叶乔木，高可达30m；树干通直，青白色，皮孔明显，呈菱形；嫩枝灰绿色，密生白色绒毛；单叶互生，三角状卵形，先端渐尖，基部心形，缘有不规则浅裂锯齿，背面密生灰白色毛，后渐脱落；雌雄异株，花先叶开放，柔荑花序下垂；蒴果小；花期3月，果熟期4月。

花

生态习性：深根性树种。喜光，不耐阴，耐寒，喜温凉气候，在深厚肥沃且排水良好的土壤中生长良好。

园林用途：毛白杨树干端直，气势雄伟，叶大荫浓，是我国北方常用的园林行道树种。在园林绿化中常作行道树，宜可作庭荫树。若在开阔的绿地或草坪上孤植或丛植，其雄伟壮观的气势更易凸显。

公园应用：毛白杨丛植于海棠品种园，孤植于开阔的草坪旁。利用其高大挺拔、姿态雄伟、冠形优美的特点，配以大叶女贞等常绿灌木，给人以开阔、明亮的景观视觉效果。

叶

花

公园应用

40. 旱柳（柳树）

拉丁学名：*Salix matsudana* Koidz.

科属：杨柳科柳属

形态特征：落叶乔木，高18～20m；树皮暗灰黑色，深裂；树冠广圆形；小枝细长，黄褐色，直立或斜展；叶狭披针形，叶柄短，背面泛白色，边缘有细腺锯齿；花雌雄异株，长叶时开放；蒴果；花期3～4月，果熟期4～5月。

花

生态习性：喜光，耐寒，对土壤要求不严，但在湿润且排水良好的土壤中生长更好，抗污染能力强。

园林用途：旱柳枝叶细柔，树冠丰满，是北方常用的乡土绿化树种。在园林上，常栽植在河边、湖边。可孤植于草坪上，对植在建筑两旁，还可用作行道树、护岸林、防风林。

公园应用：旱柳栽植于棕榈园等处。“春来无处不春风，偏在湖桥柳色中”，柳树是春天的象征，孤植于绿地和湖边，与棕榈、紫叶碧桃配置，搭配景观坐凳，形成错落有致、色彩分明的景观效果。

叶

公园应用

41. 垂柳

拉丁学名：*Salix babylonica* L.

科属：杨柳科柳属

形态特征：落叶乔木，高 12 ~ 18m；树冠稀疏；小枝细长下垂，淡褐色或带紫色；叶狭披针形，叶柄长，两面有微毛，边缘有细锯齿；花雌雄异株，花序先叶开放或与长叶时开放；蒴果；花期 3 ~ 4 月，果熟期 4 ~ 5 月。

生态习性：喜光，喜水湿，耐水淹，耐干旱，在潮湿深厚的酸性或中性土壤中生长良好。

园林用途：垂柳枝条细垂，树姿潇洒，是著名的园林观赏树种。在园林上，常栽植在河边、湖边，也可用作行道树、庭荫树等。

公园应用：垂柳栽植于沉香园湖边点缀园景，春天 “翠条金穗舞娉婷”，夏天 “柳渐成荫万缕斜”，秋天“叶叶含烟树树垂”，柳条拂水，倒影叠叠，别具风趣。

叶

花

公园应用

42. 金丝柳

拉丁学名： *Salix alba* 'Tristis' (*S. alba* Vitellina Pendula)

科属： 杨柳科柳属

形态特征： 金枝白柳与垂柳的杂交种。落叶乔木，小枝下垂，黄色；叶狭披针形，叶背面白色。

花

生态习性： 喜光，耐寒，对土壤要求不严，在湿润及排水良好的土壤中生长良好。

园林用途： 金丝柳树形优美，枝条盘曲，是北方常用的园林观赏树种。在园林上，常栽植在河边、湖边、街道边、公共绿地及庭院中，可孤植、列植等。

公园应用： 金丝柳栽植于棕榈园，枝条盘曲，特别适合冬季观景。三五株植于绿地中，搭配绿篱、景亭、坐凳，色彩分明，整体景观给人以透亮明快之感。

叶

公园应用

43. 柿

拉丁学名： *Diospyos kaki* Thunb.

科属： 柿科柿属

形态特征： 落叶乔木，高可达 15m；树冠自然半圆形；树皮暗灰色，呈方块状开裂；小枝上密生褐色短柔毛，后渐脱落；单叶互生，叶革质，椭圆状倒卵形，全缘，先端渐尖，背面及叶柄均有柔毛；雌雄异株或同株，雄花为聚伞花序，雌花单生；浆果大，扁球形，成熟时为橙黄色或橘红色；花期 5 ~ 6 月，果熟期 9 ~ 10 月。

生态习性： 喜光，耐寒，耐干旱贫瘠，忌涝，不耐盐碱。

园林用途： 柿树树冠开阔，叶色艳丽，硕果累累，是优良的园林观赏树种。在园林上，常栽植于草坪、绿地、广场及庭院中，多孤植、散植，景观效果好。

公园应用： 柿树栽植于南草坪，其树形高大，花、果实均可观，叶色深秋呈红色，与周边黄叶银杏、翠绿松柏相搭配，形成了色彩分明的秋季景观。

44. 君迁子

拉丁学名： *Diospyos lotus* L.

科属： 柿科柿属

形态特征： 落叶乔木，高可达 20m；树皮灰色，呈方块状开裂；小枝上幼时有灰色毛，后渐脱落；叶椭圆形，质薄，先端渐尖，表面光滑，背面灰色或苍白色，有毛；花单性异株，花淡橙色或绿白色；浆果，近球形，幼时黄色，成熟时蓝黑色，表面有蜡层，萼宿存；花期 4 ~ 5 月，果熟期 9 ~ 10 月。

花

生态习性： 喜光，耐半阴，耐寒，耐干旱贫瘠，耐水湿，对土壤要求不严。抗二氧化硫能力强。

园林用途： 君迁子树干挺直，树形优美，嫩枝紫红，是优良的园林绿化树种。在园林上，常作庭荫树及护岸固堤树。

公园应用： 君迁子孤植于南草坪、棕榈园园路旁，是良好的庭荫树。

叶

果

公园应用

45. 苹果

公园应用

拉丁学名： *Malus pumila* Mill.

科属： 蔷薇科苹果属

形态特征： 落叶乔木，高可达15m；小枝幼时密被绒毛，紫褐色；叶椭圆形至卵形，长5～10cm，先端尖，缘有圆钝锯齿，背面有毛；花白色带红晕，萼片宿存，花柱5个；果大，球形，两端凹陷，端部有棱脊。花期4～5月，果熟期7～11月。

生态习性： 喜光，忌湿热，喜冷凉干燥气候，不耐贫瘠，在肥沃深厚及排水良好的土壤中生长较好。

园林用途： 苹果花色美观，硕果累累，色彩艳丽，是广大群众所喜爱的园林观赏树种。在园林中应用非常普遍，可用作庭荫树和观赏树，常群植、孤植、列植等。

公园应用： 苹果栽植于东环路旁，春季花开非常美丽，与东环路的西府海棠一起搭配应用在公园绿地中。

叶

花

果

46. 西府海棠

拉丁学名：*Malus×micromalus* Mak.

科属：蔷薇科苹果属

形态特征：乔木，高达 5m，树枝直立性强；小枝紫褐色或暗褐色，幼时有短柔毛。叶质硬，狭长，呈长椭圆形，长 5 ~ 10cm，先端渐尖，基部楔形，边缘有尖锯齿，幼时背面有短柔毛；叶柄较长，2 ~ 3.5cm，幼时有毛；伞形花序，有 4 ~ 7 朵花，花单瓣，粉红色，后变淡白色，花萼与花梗均具柔毛，萼片与萼筒近等长，常脱落；果球形，径 1 ~ 1.5cm，红色，基部有凹陷；花期 4 ~ 5 月，果熟期 8 ~ 9 月。

生态习性：喜光，耐寒，对气候和土壤适应性强，抗干旱，耐轻度盐碱和水湿。

园林用途：西府海棠枝条直峭，亭亭玉立，春有花团锦簇，秋有红果累累且长久不落，是我国北方常见的重要观花赏果树种。园林上多栽植于草坪绿地、广场、庭院、道路两侧及山石旁边等，常孤植、丛植、列植。

公园应用：西府海棠主要分布于公园环路。西府海棠树态峭立，花朵红粉相间，叶子嫩绿可爱，果实鲜美诱人，采用列植的形式植于园路旁，形成海棠大道，每到 3 ~ 4 月花开季节，一片花海，甚是美观。

叶

花

果

公园应用

47. 垂丝海棠

拉丁学名： *Malus halliana* Koehne

科属： 蔷薇科苹果属

形态特征： 乔木，高达 5m，树冠疏散开展；小枝有刺，幼时紫色，有毛；叶质厚实，卵形至长卵形，长 4 ~ 8cm，先端渐尖，基部楔形，全缘或有钝锯齿，表面呈光泽暗绿色，背面淡绿色，无毛；叶柄紫红色，无毛；伞形花序，花 4 ~ 7 朵簇生于小枝顶端，花鲜玫瑰红色，萼片深紫色，花梗细长下垂，紫色，3.0 ~ 5.5cm。果倒卵形，紫色，径 6~8cm；花期 3 ~ 4 月，果熟期 9 ~ 10 月。

生态习性： 喜光，较耐阴，喜温暖湿润气候，不耐寒，忌涝，耐干旱贫瘠。

园林用途： 垂丝海棠花色艳丽，先叶开放，花梗细长下垂，尽显优美之姿，是我国著名的庭院观花树种。在园林上，多作春季观花的风景树，常栽植于庭院、河湖边、亭台旁、草坪上，可孤植、对植、丛植、片植等。

公园应用： 垂丝海棠片植、孤植、列植于公园环路上。垂丝海棠柔蔓迎风，垂英凫凫，如秀发遮面的淑女，脉脉深情，风姿怜人。作为中国传统海棠之一的垂丝海棠，不论是松散的枝条、下垂的花果，还是落英缤纷的柔美，都吸引了大量的游客拍照欣赏。

叶

花

公园应用

48. 湖北海棠

拉丁学名： *Malus hupehensis* (Pamp.) Rehd.

科属： 蔷薇科苹果属

形态特征： 落叶小乔木。叶狭椭圆形，先端渐尖，基部近圆形，或宽楔形，边缘具细锐锯齿；叶柄长 1.0 ~ 3.0 cm，幼叶紫红色，后亮绿色；花 5 ~ 7 枚成伞形花序，花蕾淡黄白色，微有淡粉色晕，单花具花瓣 5 枚，白色；萼筒钟状；萼片长三角形，直立或反折，两面被短柔毛；花柱 3 ~ 5 枚，基部合生处被短柔毛；花梗细长，被柔毛。果小、球状，径 0.8 ~ 1.0cm；萼片脱落，留黄褐色圆形痕迹；花期 4 ~ 5 月，果熟期 9 ~ 10 月。

公园应用

生态习性： 喜光，较耐水湿，不耐旱，喜温暖湿润气候。

园林用途： 湖北海棠花色素雅，花繁芳香，是优良的观花观果树种。在园林上，多栽植路旁、草坪边，可孤植、对植、群植等。

公园应用： 湖北海棠栽植于东环路上，春季满树缀以粉白色花朵，秋季结实累累，与大叶黄杨等常绿造型植物、色彩缤纷的草本花卉进行搭配，素雅又不失俏皮的美感。

花

果

公园应用

49. 北美海棠

拉丁学名： *Malus micromalus* cv.‘American’

科属： 蔷薇科苹果属

形态特征： 落叶小乔木；高可达 7m，分枝多变；北美海棠的观赏价值很高，花色、叶色、果色和枝条色彩丰富，不同季节花、叶、果、枝和多姿的形态形成的园林景观使观赏期整年持续；花期 4 ~ 5 月，果实观赏期达 6 ~ 11 个月。

生态习性： 适应性强，对环境要求不严格，各地均有栽培。

园林用途： 北美海棠花、果、叶、枝随季节变化色彩丰富，是优良的观赏树种。在园林上，多栽植于道路旁、草坪边，可孤植、对植、群植等。

公园应用： 北美海棠主要分布于公园环路、海棠品种园，群植、片植、列植均能营造良好的观赏效果。北美海棠品种繁多，春可观花，秋可观叶，冬可观果，一些品种还兼具观枝特性。其不仅可以柔化线条、增加色彩，还可点植于草坪、绿地之中，改变空间格局。

公园应用

公园栽植北美海棠的主要品种：

（1）‘绚丽’海棠　枝条斜出；老枝红褐色；嫩叶紫红色，逐渐变为翠绿。密花，顶生。果实锥形，红色；果量多，且果萼宿存，挂果期长。

（2）‘凯尔斯’海棠　侧枝平展；小枝紫红色。幼叶紫红色。密花，成串生长；单花具花瓣13枚左右，有斑纹，花繁色艳。果实扁圆形，红色，量多；梗洼明显；萼干枯凋存。

（3）‘王族’海棠　枝条直立或斜出；老枝红褐色；春、夏、秋三季其叶色始终以紫色为基调深浅变化；叶片上有金属般的光亮。果实黑红色，表面被霜状蜡质；果萼宿存。

（4）‘红玉’海棠　枝条下垂。花瓣边缘波状起伏。果实球状、卵球状，阳面红色，阴面黄色，果下垂。

（5）‘红花垂枝’海棠　侧枝拱形下垂，小枝下垂，褐色。叶表面绿色，幼叶紫红色。单花具花瓣5～9枚；亮粉红色，内面较浅；萼脱落或凋存；果下垂，淡红色。

‘凯尔斯’海棠

‘王族’海棠

‘红玉’海棠

‘红花垂枝’海棠

（6）‘露易莎’海棠　侧枝拱形下垂。小枝紫红色，纤细，常下垂。花蕾紫红色，具微淡粉红色，展开后颜色变浅，具白色条纹。果实下垂，卵球状，淡黄色，有红黄色斑块或斑点。

（7）‘钻石’海棠　枝条直立；小枝紫褐色。幼叶紫红色。花瓣两面玫瑰红色，基部具白色爪。果球状，酒红色，果顶平；萼凋落或宿存；果梗深红色，疏被柔毛。

（8）‘草莓果冻’海棠　树形挺拔。花蕾紫红色，花瓣内面粉红色，具白色晕。挂果量大，满树红果；萼脱落，具明显斑痕；果久存不落。

（9）‘亚当’海棠　伞房状聚散花序，花杯状。单花具花瓣5枚，花心色淡，两侧内曲；雄蕊花丝粉红色。果实椭圆，小型；萼脱落痕明显，圆形，梗洼浅而小；果梗亮紫红色。

（10）‘道格’海棠　秋叶橘红色。花白色。果萼宿存；萼洼深，具疣状突起；果实大、鲜红色，椭圆形，有黄色点。

（11）‘火焰’海棠　树皮黄绿色。嫩叶略带红色，后转为绿色；叶背密被短柔毛，脉上较密。果实橙红色；果萼凋存，梗洼不明显。

（12）‘粉芽’海棠　枝条斜出。嫩叶紫红色。花蕾紫红色，花的主脉明显上翘，基部具爪。果实红色球状，具光泽；萼脱落，萼洼痕迹明显。

（13）‘李斯特’海棠单花具花瓣5枚；匙状椭圆形；外面暗红色或紫粉红色，内面暗淡粉红色；雄蕊多数，花丝粉红色。果亮紫红色，量大；果萼脱落，萼洼稍凹。

（14）‘当娜’海棠　通常托叶基部具1枚小裂片。花蕾具粉红色晕；花瓣边部呈不规则波状；花展开后白色；花梗绿色。果实亮红色、小；果萼脱落，留有黄棕色圆点状痕迹。

‘钻石’海棠

(15)‘冬红果’海棠　幼枝紫红色。花蕾淡粉红色，展开后白色；花梗绿色，疏被短柔毛；萼片长三角形，反卷。果萼宿存或脱落；果实扁球状，量大，黄白绿色，具光泽。萼洼平坦；梗洼明显；果梗细，基部膨大，被较细短柔毛。

(16)‘宝石’海棠　幼枝紫色。幼叶亮紫红色，被短柔毛。单花外面紫红色，基部白色；花瓣先端钝圆，边部波状皱。果实卵球状，橙红色，微呈多钝棱。萼宿存时周围有疣突。

(17)‘印第安魔力’海棠　树冠圆，呈开张型。小枝紫红色，新叶紫红色，花蕾紫黑色，花密，卵球状，果实量较大，密生，宿存到冬季。

(18)‘雪球’海棠　枝条直立或斜出，花梗疏被柔毛，花蕾玫红色，盛开后白色，黄果扁圆，阳面有红晕，果梗细长，果大、下垂、久存。

(19)‘琥珀’海棠　新叶、叶柄均为紫红色，花瓣玫红色，有紫红色条纹，果实亮红色，先端渐短尖，果萼长，宿存。

(20)‘红丽’海棠　枝条直立，幼叶具淡紫色晕，密花，花蕾紫红色，花瓣边缘具不规则大波状，萼脱落，萼洼明显，果量大，经冬不落。

(21)‘珊瑚礁’海棠　小枝紫褐色。单花具花瓣5~8枚，外面紫粉红色，内面淡黄白色，微有淡粉红色晕。果实球状；萼脱落，萼洼较平；成熟的果实具果锈。

(22)‘舞美’海棠　小枝直立，紫褐色；皮孔白色；萼片三角形，萼筒密被柔毛。花蕾球状，淡紫红色；花瓣亮粉红色，内面较浅，基部白色，主脉隆起。

(23)‘春雪’海棠　幼枝斜向上。总状伞形花序；花蕾紫红色，微有淡黄粉色晕；花瓣白色；先端内曲，主脉显著凸起，边部微波状。果实扁球状，较小；萼脱落，痕迹明显。

‘绚丽’海棠

‘冬红果’海棠

(24)‘五红’海棠　壮枝直立。幼叶淡紫红色。伞房形花序，玫红色。果红色，具白色点；果萼宿存，果梗具淡紫红色晕。

(25)‘萨伊拉姆’海棠　小枝紫褐色，直立。叶椭圆形，两面疏被短柔毛。腋生密花。果实球状，淡黄粉色；萼宿存或脱落，萼脱落痕明显而大；梗洼浅而小；果梗亮紫红色，疏被短柔毛，基部疏被短柔毛。

(26)‘雪坠’海棠　花蕾紫红色，展开后淡黄白色，有粉红色晕；萼片绿色，萼筒钟状，外面被短柔毛。果实球状，亮橙红色；径0.5～0.7cm；果萼脱落。

(27)‘粉屋顶’海棠　幼叶紫红色。花蕾倒椭圆锥状，紫红色；密花；展开后颜色变浅；萼片三角形，反卷；花梗淡紫红色，疏被短柔毛。果实球状，紫红色，下垂；果萼脱落。

(28)‘夕阳红’海棠　小枝紫黑色，被较密短柔毛。叶主脉淡紫红色，微被短柔毛及紫色腺点；背面淡绿色，主脉隆起。花蕾淡粉红色，具微淡粉红色，条斑。果梗红紫色；萼宿存。

(29)‘红巴伦’海棠　幼叶暗紫色，叶沿侧脉有皱纹。花瓣内面基部主脉白色隆起，具白色爪。果实球状，深红色，具光泽，微呈多钝棱。果萼脱落。

(30)‘绿宝石’海棠　花蕾淡粉红色，展开后呈白色。花梗密被短柔毛。果实扁球状。萼脱落，痕迹明显，呈棕色。

(31)‘罗宾逊’海棠　总状伞形花序；花蕾紫红色；密花；花展开后外面紫粉红色，内面淡粉白色。果萼脱落；果实扁球状，小型，下垂；具淡粉紫色小点。

‘亚当’海棠

‘当娜’海棠

‘道格’海棠

‘李斯特’海棠

‘萨伊拉姆’海棠

‘雪球’海棠

‘舞美’海棠

‘珊瑚礁’海棠

50. 木瓜

拉丁学名： *Chaenomeles sinensis* (Thouin) Koehne

科属： 蔷薇科木瓜属

形态特征： 落叶小乔木，高可达 10m；树皮斑状薄片剥落；短小枝棘状；单叶互生，叶革质，边缘有芒状锐齿；花粉红色，单生；梨果椭球形，深黄色，具香气；花期 4 ~ 5 月，果熟期 9 ~ 11 月。

生态习性： 喜光，耐寒性不强，喜温暖湿润气候，在深厚肥沃及排水良好的土壤中生长良好。

园林用途： 木瓜干皮斑驳秀丽，花红果香，是重要的园林观赏树种。园林上常作庭荫树，或作为盆景在庭院或园林中栽培，具有城市绿化和公园应用功能。

公园应用： 木瓜栽植于南草坪、东柏树林等处，作为孤植观赏树或三五成丛点缀于园林绿地中，春季观花夏秋赏果，淡雅俏秀，多姿多彩，使人百看不厌，取悦其中。

叶

花

果

51. 豆梨

花

拉丁学名：*Pyrus calleryana* Decne.

科属：蔷薇科梨属

形态特征：落叶小乔木，高可达8m；树皮灰褐色，有不规则深裂；小枝褐色，幼时有绒毛，后变光滑；叶卵形至椭圆形，叶端渐尖，基部宽楔形，缘有细钝锯齿，两面无毛；花白色，雄蕊20枚，花梗长1.5～3cm，无毛；果近球形，黑褐色，有斑点；花期4月，果熟期8～9月。

生态习性：喜光，喜温暖湿润气候，不耐寒，耐干旱贫瘠，忌盐碱，在酸性及中性土壤中生长良好。

园林用途：豆梨春季花色素雅，园林上宜用作庭院观赏。

公园应用：豆梨植于东环路旁，长势旺盛，春季花开满树，果实如豆般大小，作为中高型乔木，前方配置西府海棠、垂丝海棠、碧桃、八角金盘等，形成了层次分明的植物景观。

叶

果

公园应用

52. 紫叶李

园林造景

拉丁学名：*Prunus cerasifera* Ehrh.‘Pissardii’（‘Atropurpurea’）

科属：蔷薇科李属

形态特征：落叶小乔木，高可达 4m；小枝光滑无毛；叶卵形或卵状椭圆形，先端尖，基部圆形，缘有尖细重锯齿，紫红色；花叶前开放或与叶同放，花小，淡粉白色，单生；果小，球形，暗红色；花期 4 ~ 5 月。

生态习性：喜光，耐寒，耐干旱贫瘠，喜温暖湿润气候，对土壤要求不严。

园林用途：紫叶李叶色艳丽，花色典雅，是我国北方园林常见的园林观赏树种。常栽植于庭荫、绿地中，以孤植、散植为主，也可作背景树，或与其他开花植物搭配栽植。

公园应用：紫叶李分布于牡丹园、沉香园等处。紫叶李以色叶闻名，整个生长期紫叶满树，尤以春、秋两季叶色更艳。紫叶李以丛植、孤植等形式植于草坪、广场、建筑物旁，以雪松等常绿植物为背景，下层栽植金钟、麦冬等灌木，营造绿树红叶相映成趣的景观效果。

叶

花

果

公园应用

53. 杏

拉丁学名： *Armeniaca vulgaris* Lam.

科属： 蔷薇科杏属

形态特征： 落叶乔木，高可达10m；树冠圆整；小枝红褐色；叶卵圆形或卵状椭圆形，长5～8cm，基部广楔形，先端突尖，缘具细钝锯齿；叶柄具2腺体，带红色；花单生，先叶开放，淡粉红色或近白色；果球形，具纵沟，表面具细柔毛，黄色而带红晕；花期3～4月，果熟期6月。

生态习性： 喜光，耐寒，耐干旱与高温，对土壤适应性强，忌涝，但在土层深厚及排水良好的沙质壤土中生长最好。

园林用途： 杏树早春开花，繁茂美观，北方栽植较多，是华北地区常见的观花观果树种。常栽植于山坡、水畔，庭院中宜群植、林植。

公园应用： 杏栽植于健身园西侧，古有“一枝红杏出墙来”来形容满园春色，是北方主要的早春花木，与法青、八角金盘、扶芳藤等植物相配置，形成自然、亲善、和谐、错落有致的美景。

叶

花

果

54. 梅

拉丁学名： *Armeniaca mume* Sieb. et. Zucc.

科属： 蔷薇科杏属

形态特征： 落叶小乔木，高可达15m；小枝绿色光滑、细长；叶卵形或椭圆状卵形，先端渐尖，缘具细锯齿，叶柄有腺体；花先叶开放，花粉红、白、红色，无梗，芳香；果近球形，熟时黄色；冬春季开花。

花

生态习性： 喜光，喜温暖湿润气候，耐旱忌涝，耐寒性不强。

园林用途： 梅早春开花，色香俱佳，品种极多，是我国著名的观赏花木。园林上以梅造园、以梅造景，可创造出诗情画意的园林景观。

公园应用： 公园梅花主要类型为直枝梅类中的红梅、绿梅品种。梅分布于五角亭等处，梅花神、色、香、姿俱佳，铁骨傲霜，深受市民群众喜爱。在公园五角亭景区，以亭为背景，前植梅花、突出梅花的色香之胜，达到古之“栽梅绕屋”的妙境，形成了通透开朗、景物深远的画面。

叶

果

公园应用

55. 美人梅

拉丁学名： *Armeniaca mume* ‘Meiren Mei’

科属： 蔷薇科杏属

形态特征： 该品种是紫叶李与“宫粉”梅的杂交种。枝叶似紫叶李，花似梅，淡紫红色，花重瓣或半重瓣，花梗长 1cm，花叶同放。

叶

生态习性： 美人梅是人工杂交培育而成，对气候及土壤适应性强，能抗 −30℃的低温。

园林用途： 美人梅花叶同放，花多，色艳，很美观，是我国北方重要的园林春花树种。在配置上，常栽植于庭院、绿地、草坪上或园路旁，也可丛植于河岸、湖畔，观赏效果极好。

公园应用： 美人梅孤植、片植于南广场、海棠筱苑、棕榈园绿地及园路旁，或与枸骨、南天竹、常春藤等常绿观叶植物配置，或栽植于山体上，结合地形、景石及造型植物置景，形成色彩绚丽、花团锦簇的自然式园林景观。

花

果

公园应用

56. 桃

拉丁学名： *Amygdalus persica* L.

科属： 蔷薇科桃属

形态特征： 落叶小乔木，高可达 5m；冬芽有毛，3 枚并生；叶长椭圆长披针形，先端渐尖，缘具细锯齿，叶柄有腺体；花先叶开放，花粉红色，花萼外有毛；果球形多汁，表面有柔毛；花期 3 ~ 4 月。

生态习性： 喜光，喜夏季高温的暖温带气候，耐旱忌涝，有一定耐寒能力。

园林用途： 桃的很多变种及品种在园林上应用广泛。早春开花，花色鲜艳，花期较长，品种极多，在园林绿化中被广泛用于湖滨、溪流、道路两侧和公园等。

公园主要变种及品种： 照手桃、碧桃、绛桃、人面桃、菊花桃等。

叶

花

果

公园应用：以照手桃、碧桃、菊花桃为主。列植于南草坪游路两旁的照手桃，共有3个品种。随着树势的不断增长，游路两边枝条已经相互搭在一起，每年开花时芳菲烂漫，灿若云霞，群体效果十分壮观；碧桃列植与公园东环路，与西府海棠、垂丝海棠相搭配，有效延长了东环路的赏花期，每年花开时节，满树红花，非常美丽；菊花桃片植于棕榈园，每年早春开花时节，低矮的树形，搭配冷季型绿色草坪，形成了鲜明的色彩对比。

照手桃
菊花桃
公园应用

57. 山桃

花

叶

拉丁学名：*Amygdalus davidiana* de Vos ex Henry

科属：蔷薇科桃属

形态特征：落叶小乔木，高可达 10m；树皮暗紫色有光泽；小枝较细无毛，多直立或斜伸；叶长卵状披针形，先端长渐尖，中下部最宽，锯齿细尖，两面无毛；花先叶开放，白色、粉红色，单瓣，萼片外无毛；果球形，较小，不可食；花期 3 ~ 4 月，果熟期 7 月。

生态习性：喜光，耐寒，耐旱忌涝，耐盐碱土壤。

园林用途：山桃早春开花，花色美丽，是我国北方园林常见的早春观花树种。常用作风景区及城市绿地观赏树，也可成片栽植于山坡上、庭院、草坪、建筑物旁。

公园应用：山桃栽植于月季种植中心西北侧，以苍松翠柏、绿篱为背景，借着山势，傲然于常绿灌木之上，花开时节，满树白花，尽显其素雅之美。

公园应用

58. 日本晚樱

拉丁学名：*Cerasus serrulata* Lindl.

科属：蔷薇科樱属

形态特征：落叶乔木，高可达8m；树皮光滑，暗栗褐色；小枝无毛；叶卵状椭圆形，先端锐尖，基部圆形，缘有芒状单或重锯齿，叶基部有腺体；花先叶开放，花白色或淡粉红色，顶部凹；果球形，黑色；花期4月，果熟期5～6月。

生态习性：喜光，耐寒，耐旱，喜温暖湿润气候及肥沃且排水良好的沙质土壤。

园林用途：樱花枝叶繁茂，花色艳丽，是园林中常见的观赏树种。常群植于山坡、花坛、路边、建筑物旁，也可孤植，形成“万绿丛中一点红”的画意。

公园应用：樱花分布于南广场、滑冰场西侧等处，为早春观赏树种。开花时满树灿烂，着花繁密，花色粉红。孤植于南广场，群植于西环路旁，远观似一片云霞，绚丽多彩。

叶

花

果

公园应用

59. 东京樱花（江户樱、染井吉野）

拉丁学名： *Cerasus* × *yedoensis* Matsum.

科属： 蔷薇科樱属

形态特征： 落叶乔木，高达 15m，树皮暗灰色，平滑；嫩枝有毛。叶椭圆状卵形或倒卵状椭圆形，长 5 ~ 12cm，先端渐尖或尾尖。缘具尖锐重锯齿，背脉及叶柄具柔毛。花白色或淡粉红色，花 5 瓣，先端凹缺，有香气，萼筒短管状而有毛，萼片有细尖腺齿；4 ~ 6 朵呈伞形或短总状花序；叶前开花，果黑色，径 1cm。

生态习性： 喜光、喜温、喜湿、喜肥。

园林用途： 该种花期早，先叶开放，着花繁密，花色粉红，可孤植或群植于庭院、公园、草坪、湖边或居住小区等处，远观似一片云霞，绚丽多彩，适宜种植于山坡、庭院、建筑物前及园路旁。也可以列植或和其他花灌木合理配置于道路两旁，或片植作专类园。

公园应用： 东京樱花成片栽植于宽阔的草坪处，每年花开时节，繁盛的花朵如片片白色云霞，非常壮观。

公园应用

60. 紫叶稠李

果

拉丁学名：*Padus virginana* L. ‘Canada Red’

科属：蔷薇科稠李属

形态特征：落叶小乔木，高可达 7m；小枝褐色；叶卵状长椭圆形至倒卵形，幼叶绿色，后变紫色，背面灰色；总状花序下垂，花白色；果红色，后边紫黑色；花期 4 ～ 5 月，果熟期 8 ～ 9 月。

生态习性：稍耐阴，耐寒，不耐干旱贫瘠，喜肥沃湿润而排水良好的土壤。

园林用途：紫叶稠李枝叶紧密，树冠伞形，树势优美，适应性强，是城市绿化的良好树种。多用作庭院观赏树，也可栽植于公园、草坪、假山、墙角等，常孤植、对植、丛植、片植。

公园应用：紫叶稠李孤植于棕榈园草坪边缘，花开如雪，叶色紫红，与棕榈、黄杨绿篱、冷季型草坪搭配，红绿相映别有一番景致。

花

公园应用

61. 合欢

拉丁学名：*Albizia julibrissin* Durazz.

科属：豆科合欢属

形态特征：落叶乔木，高可达16m；树冠伞形；枝条开展，小枝无毛；二回羽状复叶，互生，小叶10～30片，小叶镰刀形，先端尖，中脉偏向一边，小叶昼开夜合；头状花序排成聚伞状，花丝粉红色；荚果扁平，经冬宿存；花期6～7月，果熟期9～10月。

生态习性：喜光，较耐寒，树皮暴晒易开裂，忌涝，对土壤要求不严，在干旱贫瘠土及沙质壤土中均能生长。

园林用途：合欢树姿优美，叶形雅致，绒花绚丽芳香，是重要的园林绿化及观赏树种。在园林上，常作庭荫树、行道树，还可栽植于草坪、绿地、山坡、建筑物旁等，多孤植、列植、丛植。

公园应用：合欢孤植于牡丹园路转弯景石旁，夏季绿荫清幽，绒花吐艳，营造了柔和舒畅的景观效果。此处栽植合欢既起到了半遮阳效果，利于牡丹夏季生长；又较好地缓冲了硬质铺装的生硬，可谓一举多得。此外，合欢还栽植于南广场、木兰园等处。

叶

花

果

公园应用

62. 湖北紫荆（巨紫荆）

拉丁学名：*Cercis glabra* Pamp.

科属：豆科紫荆属

花

形态特征：落叶乔木，高可达20m；树皮黑色光滑；老枝黑色，有皮孔；叶心形或卵圆形，表面光滑，先端短尖，基部心形；花先叶开放，7～14朵簇生于老枝，假蝶形，淡紫红色；荚果，腹缝有翅，紫红色；花期4月，果熟期10～11月。

生态习性：喜光，较耐寒，耐旱，喜温暖湿润气候。

园林用途：湖北紫荆树姿美观，叶、花、果色彩艳丽，具有很高的观赏价值。在园林上，常作庭荫树，栽植于草坪、绿地上，多孤植，以显示其雄伟壮观。

公园应用：湖北紫荆栽植于南草坪北侧，树冠伞形，花开时节满树皆红，为表现其个体美，采用孤植的形式植于绿地之中，周围配置常绿、落叶植物，春花秋景红绿相称，观赏效果极佳。

叶

果

公园应用

63. 皂角（皂荚）

叶

拉丁学名：*Gleditsia sinensis* Lam.（*G. Officinalis* Hemsl.）

科属：豆科皂荚属

形态特征：落叶乔木，高可达30m；树冠扁球形；主干和主枝常着生分枝状枝刺，刺扁；1回羽状复叶，小叶卵状椭圆形，长 3～10cm，近全缘或具钝锯齿；荚果肥厚，直而扁平，长12～30cm；花期4～5月，果熟期10月。

果

生态习性：喜光，稍耐阴，耐寒，喜温暖湿润气候，耐干旱，对土壤适应性强，耐石灰质及轻度盐碱地，但在深厚肥沃且湿润的土壤中生长良好。属深根性树种。

园林用途：皂角树树冠宽阔，叶密荫浓，树形优美，是良好的庭荫树及四旁绿化树种。多用于园林绿地及庭院观赏树，也可用作庭荫树及行道树，常孤植、列植、群植。

公园应用：皂角树栽植于东柏树林东围墙处，叶密荫浓。将其与其他常绿灌木混植，营造绿意浓郁的景观效果。

花

公园应用

64. 槐（国槐）

拉丁学名： *Sophora japonica* L.

科属： 豆科槐属

果

形态特征： 落叶乔木，高可达 25m；树皮灰黑色，纵向浅裂；小枝绿色；奇数羽状复叶，互生，小叶卵状椭圆形，前端渐尖，对生，边缘全缘；花浅黄白色，圆锥花序顶生，蝶形；荚果，念珠状；花期 7 ~ 8 月。

生态习性： 喜光，耐寒，忌高温高湿，在石灰性土壤及轻度盐碱土壤中能够生长，但在肥沃湿润且排水良好的土壤中生长良好，抗污染能力强。

园林用途： 国槐树冠圆整，枝繁叶茂，花香怡人，寿命长，耐修剪，是重要的城市绿化树种。在园林上，常作庭荫树、行道树，可孤植、列植。

常见变种及栽培变种： 金枝槐 'Chrysoclada'，秋季小枝为金黄色；金叶槐 'Chrysophylla'，嫩叶为黄色，后变为黄绿色；龙爪槐 'Pendula'，枝条扭转下垂，树冠伞形；紫花槐 'Violacea'，花期晚，花的翼瓣、龙骨瓣为紫色。

公园应用： 槐分布于南草坪等处，文化底蕴深厚，且变种众多，公园内常用的有龙爪槐。槐或列植于道路两旁，或孤植于草坪内，孤植构景时，其树体高大，姿态优美，植于开阔的草坪之中，发挥景观的中心视点及引导视线的作用；龙爪槐列植于西门两侧，其蜿蜒的枝干，成为冬季一道别致的风景。

叶

花

公园应用

65. 刺槐

拉丁学名： *Robinia pseudoacacia* L.

科属： 豆科刺槐属

形态特征： 落叶乔木，高可达25m；干皮深纵裂；枝具托叶刺；叶7片，羽状复叶互生，小叶7～19片，椭圆形，全缘，先端微凹并有小刺尖；花成下垂总状花序，白色，芳香；荚果扁平，条状；花期4～5月，果熟期8～9月。

生态习性： 喜光，耐干旱贫瘠，对土壤适应性强。

园林用途： 刺槐树冠高大，叶色鲜绿，开花季节绿白相映、素雅而芳香，是北方常用的乡土树种。在园林上，常作行道树、庭荫树观赏。

公园应用： 刺槐主要分布于东柏树林等处。海棠品种园也有栽植，其冠大浓郁，绿荫如盖，孤植于公园山体旁、草坪上作遮阳树也极为相宜，每当开花季节绿白相映，素雅芳香。

叶

花

果

公园应用

66. 石榴

拉丁学名： *Punica granatum* L.

科属： 石榴科石榴属

形态特征： 落叶灌木或小乔木，高可达 7m；树冠不整齐；小枝无毛，有刺；叶亮绿色，无毛，单叶对生或簇生，长椭圆状倒披针形，基部楔形，顶端常 3 裂，缘有钝锯齿；花单生于枝顶端，深红色；花萼钟形，质厚，紫红色；浆果球形，古铜黄色或古铜红色，先端花萼宿存，种子多，可食；花期 5 ~ 7 月，果熟期 9 ~ 10 月。

叶

生态习性： 喜光，喜温暖气候，较耐寒，对土壤适用性强，耐干旱贫瘠，但在肥沃湿润而排水良好的土壤中生长更好。

园林用途： 石榴树姿优美，叶色碧绿，花色艳丽，花期较长，果实累累，是我国重要的观花观果树种。在园林上，多配置于庭院、风景区、山坡、假山石畔等，尤其秋叶转黄、果实变红黄色时，青山绿水相衬，景色极佳。

公园应用： 石榴文化底蕴深厚，是吉祥的象征，在公园应用广泛，主要丛植于棕榈园、东环路等处。植于绿地之中，夏季花色艳丽、秋季果实累累、冬季树姿清雅，极具观赏价值。

花

果

公园应用

67. 八角枫

拉丁学名： *Alangium chinense* (Lour.) Harms

科属： 八角枫科八角枫属

形态特征： 落叶乔木，高可达15m，胸径可达40m；树干光滑，呈淡灰色；小枝呈“之”字形弯曲；单叶互生，卵圆形，基部歪斜，基出脉3～5对，全缘或有浅裂，秋季叶变橙黄色；叶柄红色；花腋生呈聚伞花序，花瓣狭带形，黄白色，芳香；核果卵圆形，黑色；花期6～8月，果熟期9～10月。

生态习性： 喜光，稍耐阴，稍耐寒，喜温热气候，对土壤要求不严。

园林用途： 八角枫树姿优美，花朵芳香，秋叶金黄，是优良的园林观赏树种。宜配置于绿地作观赏树或庭荫树，根茎叶为重要中药材。

公园应用： 八角枫栽植于南草坪，树冠宽阔，叶形美丽，花期较长，三两株植于草坪上，作为观赏树景观效果良好。

叶

花

果

公园应用

68. 喜树

果

拉丁学名：*Camptotheca acuminata* Decne.

科属：蓝果树科喜树属

形态特征：落叶乔木，高可达 30m；单叶互生，椭圆形至长卵形，长 8～20cm，先端突渐尖，基部广楔形，全缘，羽状脉弧形而在表面下凹，叶柄及被脉常带红色；雌花序顶生，雄花腋生；坚果，有窄翅，聚生成球形果序；花期 7 月，果熟期 10～11 月。

生态习性：喜光，稍耐阴，不耐寒，喜温暖湿润气候，不耐干旱贫瘠，在肥沃湿润的酸性、中性、弱碱性土壤中均能生长。

园林用途：喜树主干通直，树冠宽阔，叶大荫浓，花果形状美观，是我国特有的优良绿化树种。宜作庭荫树及行道树，多采用孤植和对植。

公园应用：喜树栽植于南草坪。其树干通直圆满，枝条平向外展，树冠呈倒卵形，枝叶繁茂，姿态优美。公园采用孤植的形式作绿荫树，观赏价值很高。

叶

花

公园应用

69. 梾木

拉丁学名：*Swida macrophylla* Wall.

科属：山茱萸科梾木属

形态特征：落叶乔木，高可达 20m；小枝有棱；叶对生，卵状椭圆形至广卵形，长 8 ~ 16cm，侧脉 5 ~ 7 对，背面具倒生刚毛；聚伞花序圆锥状，花小，黄白色；核果黑色；花期 6 ~ 7 月，果熟期 8 ~ 9 月。

生态习性：喜光，对土壤要求不严，在土壤深厚且肥沃的石灰岩地区生长良好。

园林用途：梾木枝条美观，株型秀丽，园林上可植于公园、绿地。

公园应用：梾木丛植于沉香园园路旁、小湖边，与垂柳、月季、鸢尾混合栽植，错落有致，季相分明。

叶

花

果

公园应用

70. 毛梾（车梁木）

拉丁学名：*Swida walteri* Wanger.

科属：山茱萸科梾木属

形态特征：落叶乔木，多高达15m；树皮暗灰色，纵裂成条；叶对生，两面均被柔毛，椭圆形至长椭圆形，叶端渐尖，基部广楔形，侧脉4～5对；伞房状聚伞花序顶生，花白色，芳香；核果球形，黑色；花期5月，果熟期9～10月。

花

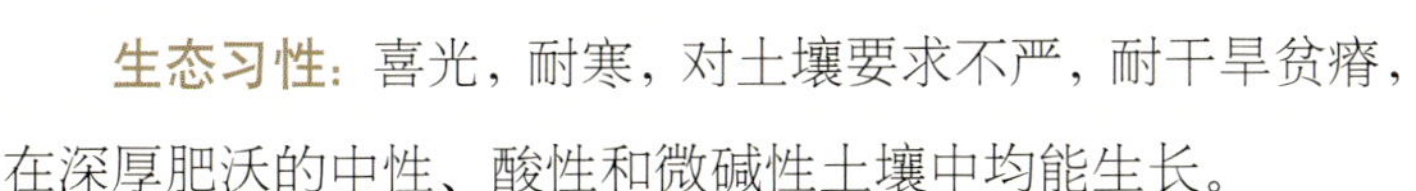

生态习性：喜光，耐寒，对土壤要求不严，耐干旱贫瘠，在深厚肥沃的中性、酸性和微碱性土壤中均能生长。

园林用途：毛梾木枝叶茂密，冠大荫浓，花洁白芳香，非常美观，是优良的园林观赏树种。园林上常作庭荫树及行道树，多孤植和片植。

公园应用：毛梾木栽植于沉香园内，配置于草坪、路边。其花果时节，白花繁密而芳香，累累黑果挂于红柄之端，更显其生机盎然、端庄秀丽。

叶

果

公园应用

71. 光皮梾木

拉丁学名：*Swida wilsoniana* Wanger.

科属：山茱萸科梾木属

形态特征：落叶乔木，高可达18m；树皮薄片状脱落，光滑，绿白色；叶对生，椭圆形，长6～12cm，侧脉3～4对，背面有毛；顶生圆锥状聚伞花序，花白色；核果球形，紫黑色。花期5月，果熟期10月。

生态习性：喜光，在湿润、深厚肥沃的酸性土壤中及石灰岩山地中生长良好。

园林用途：光皮梾木树干挺直，初夏满树银花，树皮斑斓是园林上理想的行道树和遮阳树。

公园应用：光皮梾木位于南草坪区域。其干直挺秀，树皮斑斓，叶茂荫浓。花开时节，花繁密洁白，与常绿植物配置在一起，起到画龙点睛的作用。

叶

花

果

公园应用

72. 丝绵木

拉丁学名： *Euonymus maackii* Rupr.

科属： 卫矛科卫矛属

形态特征： 落叶小乔木，高可达 8m；树冠卵形或卵圆形；小枝绿色，细长，无毛；叶对生，菱状椭圆形、卵状椭圆形至披针状长椭圆形，先端长渐尖，基部近圆形，缘有细锯齿；叶柄长；聚伞花序腋生，花淡绿色，花部 4 束，花药紫色；蒴果，4 深裂，种子具橘红色假种皮；花期 5 月，果熟期 10 月。

花

生态习性： 喜光，稍耐阴，耐寒，耐干旱及水湿，适应性强。

园林用途： 丝绵木枝叶秀丽，秋叶绯红，红果经久不落，是优良的秋冬观果树种。园林中常作庭荫树及风景树，也可孤植、丛植于林缘、草坪、湖畔、溪边，景观效果极佳。

公园应用： 丝棉木丛植于南草坪游路旁，单株时突出展示其个体美，丛植时又能展现其群体之美，特别是其秀丽的枝叶、红艳的蒴果更让景观活泼醒目，观赏效果极佳。

叶

果

公园应用

73. 重阳木

拉丁学名：*Bischofia polycarpa* (lévi.) Airy-shaw

科属：大戟科重阳木属

形态特征：落叶乔木，高可达 15m；树皮灰褐色，纵向开裂；小枝褐色，无毛；3 出复叶，互生，小叶椭圆状卵形，基部圆形或心形，边缘有钝锯齿；总状花序腋生，花小，单行异株；核果，球形；花期 4 ～ 5 月，果熟期 9 ～ 11 月。

生态习性：喜光，耐涝，稍耐寒，耐干旱贫瘠，对土壤适应能力强，在轻度盐碱土壤中也能生长。

园林用途：重阳木树形优美，绿荫如盖，生长迅速，是优良的绿化树种。在园林上，常作庭荫树、行道树、堤岸树等。可孤植、丛植或与其他常绿植物搭配等。

公园应用：重阳木分布于公园南草坪、沉香园等处。其树体高大，在园内孤植于大草坪或林中空地中心，搭配小型雕塑和坐凳，营造出幽静祥和之感。

叶　花　果　公园应用

74. 乌桕

拉丁学名： *Sapium sebiferum* (L.) Roxb.

科属： 大戟科乌桕属

形态特征： 落叶乔木，高可达 15 ~ 20m；树皮灰色，纵向开裂；小枝淡褐色，较细；单叶互生，菱状广卵形，先端尾状急尖，全缘；穗状花序顶生，花单性，雌雄同株；蒴果，梨状球形；花期 5 ~ 7 月，果熟期 10 ~ 11 月。

生态习性： 喜光，喜温暖湿润气候，耐涝，耐轻度盐碱，但在深厚肥沃的土壤中生长更好。抗风能力强。

园林用途： 乌桕树冠规整，春叶色青翠，秋叶色红艳，生长迅速，寿命长，是优良的园林绿化树种。常栽植于河湖岸边、草坪绿地上，还可作庭荫树、行道树等，常孤植、丛植等。

公园应用： 乌桕树冠整齐，叶形秀丽，秋叶经霜时如火如荼，十分美观，有“乌桕赤于枫，园林二月中”之赞名。乌桕孤植于南草坪、月季种植中心等处，其入秋后红色的叶片非常漂亮。春季月季盛开，乌桕翠绿色的叶色与月季相得益彰，深秋季节，乌桕搭配凤尾兰、大叶女贞等常绿植物，红绿相配，对比鲜明，形成了丰富的季相景观。

公园应用

叶

花

果

公园应用

75. 枳椇（拐枣）

拉丁学名： *Hovenia acerba* Lindl.

科属： 鼠李科枳椇属

形态特征： 落叶乔木，高可达 25m；树皮灰黑色，深纵裂；小枝红褐色；单叶互生，卵形，长 8 ~ 16cm，先端短渐尖，基部近圆形，缘有细锯齿，基部 3 出脉，背面叶脉或有毛，叶柄及主脉常带红晕；复聚伞花序腋生或顶生，两性花，淡黄绿色；果经霜后味甜可食，梗肥大肉质；花期 6 月，果熟期 9 ~ 10 月。

花

生态习性： 喜光，稍耐阴，不耐干旱贫瘠，稍耐寒，对土壤要求不严，但在深厚湿润及排水良好的土壤中生长最好。

园林用途： 枳椇树姿优美，枝繁叶茂，果实形状奇特，生长快，适应性强，是良好的庭荫树、行道树及四旁树种。

公园应用： 栽植于公园南草坪。

叶

果

公园应用

76. 铜钱树

果

拉丁学名：*Paliurus hemsleyanus* Rehd.

科属：鼠李科马甲子属

形态特征：落叶乔木，高可达 15m；小枝黑褐色或紫褐色，无毛，幼枝具托叶刺；单叶互生，纸质，卵状椭圆形，长可达 10cm，先端渐尖，基部偏斜，缘具细钝齿，两面无毛，基部 3 主脉；聚伞花序顶生或兼腋生，花两性，黄绿色；核果铜钱形，周围有阔翅；花期 4 ~ 6 月，果熟期 7 ~ 9 月。

生态习性：生于海拔 1 300m 以下的阳坡灌木丛中或疏林中。

园林用途：铜钱树果形奇特，有其特有的观赏价值。园林中常作庭院观赏树，也可用作绿篱。

公园应用：铜钱树丛植于南草坪，其树姿美观，枝条平展，连成一片，挺拔的树干与草坪搭配，更显得树体高大，秋季铜钱状果实成熟，非常别致。

叶

花

公园应用

77. 龙枣

拉丁学名： *Ziziphus jujuba* Mill. var. jujuba cv. Tortuosa

科属： 鼠李科枣属

形态特征： 落叶乔木或小乔木，高可达10m以上；树皮灰褐色裂；小枝卷曲如蛇游状，具皮刺；单叶互生，卵形至卵状披针形，长3～6cm，缘有细锯齿，基部3出脉；花小，两性花，黄绿色，2～3朵簇生于叶腋；核果小；花期5～6月，果熟期8～9月。

生态习性： 耐寒、耐旱、耐热、耐涝，对土壤要求不严。

园林用途： 龙枣枝条屈曲奇特，观赏性强，园林上可作庭荫树或绿地树种。

公园应用： 龙枣栽植于海棠筱苑景墙旁，其以观枝干为主，形态自然优美，周围配植常绿造型植物及紫薇等花灌木，以石凳、石椅进行点缀，极富自然野趣。

叶

花

果

公园应用

78. 黄山栾树（全缘叶栾树）

拉丁学名： *Koelreuteria bipinnata* var. *integrifoliola*

科属： 无患子科栾树属

形态特征： 落叶乔木，高可达25m；树皮灰褐色，细纵向开裂；小枝有棱，有明显皮孔；二回羽状复叶互生，小叶卵形或卵状椭圆形，顶端短尖至短渐尖，近基部常深裂，叶脉背面有毛；圆锥花序顶生，花小，金黄色；蒴果淡红色，三角状卵形；花期6～7月，果熟期9～10月。

花

生态习性： 喜光，耐半阴，耐寒，耐干旱贫瘠，在低湿及盐碱地上也能生长，尤喜石灰质土壤。深根性，抗烟尘能力强。

园林用途： 黄山栾树树形端庄，枝叶繁茂，叶色美丽，夏花金黄，是重要的园林观赏树种。在园林上，常作庭荫树、行道树、园景树、防护林等，可孤植、丛植或与其他植物混搭栽植等。

公园应用： 黄山栾树栽植于北伐将士纪念碑南侧作行道树，其树形高大优美，夏末秋初鲜黄色花朵洒满树冠，深秋季节酷似串串灯笼的红色蒴果与秋叶交相辉映，观赏效果极佳。

叶

果

公园应用

79. 无患子

果

拉丁学名：_Sapindus mukorossi_ Gaertn.

科属：无患子科无患子属

形态特征：落叶乔木，高可达25m；树皮灰白色，光滑不裂；树冠广卵形或扁球形；枝展开，小枝无毛，密生明显皮孔；偶数羽状复叶，互生，小叶8～14片，互生或近对生，卵状长椭圆形，基部不对称，全缘；圆锥花序顶生，花小，白色；核果，球形；花期5～6月，果熟期9～10月。

生态习性：喜光，稍耐阴，耐寒性不强，喜温暖湿润气候，在微酸性、中性及钙质土壤中均能生长。抗二氧化硫能力强。

园林用途：无患子树形伟岸，枝叶繁茂，秋叶金黄，是良好的园林观赏树种。在园林上，常作庭荫树、行道树，宜可孤植、丛植于草坪、路旁及建筑物附近，还可与其他植物混合搭配等。

公园应用：无患子栽植于木兰园，丛植在空旷的草坪、路旁，其树冠充分舒展，秋季时叶色渐变，与周围绿色植物黄绿相间，为公园秋景增色不少。

叶

花

公园应用

80. 七叶树

拉丁学名：*Aesculus chinensis* Bunge

科属：七叶树科七叶树属

形态特征：落叶乔木，高可达25m；树皮灰褐色；小枝粗壮，光滑无毛，顶芽发达；掌状复叶，7小叶，倒卵状长椭圆形，边缘有细锯齿；圆柱状圆锥花序顶生，花小，白色；蒴果，球形或倒卵形，粗糙无刺无尖头；花期5月，果熟期9～10月。

生态习性：喜光，稍耐阴，不耐严寒，喜温暖湿润气候，在深厚肥沃的土壤中生长良好。

园林用途：七叶树绿荫如盖，叶形美观，花白绚烂，是重要的园林观赏树种。在园林上，常作庭荫树、行道树，可孤植、群植或与其他植物混搭栽植。

叶

花

果

公园应用

公园应用：七叶树分布于南草坪、牡丹园等处。其树体高大，叶形美观，秋季叶色变红，作为上层园林植物。在公园内或孤植独立成景，发挥中心视点及引导视线的作用；或与中低型小乔木、花灌木搭配成景，构成饱满的植物群落。

公园应用

81. 三角枫（三角槭）

拉丁学名：*Acer buergerianum* Miq.

科属：槭树科槭树属

形态特征：落叶乔木，高可达 15 ~ 20m；树皮棕色，长片状剥落；小枝幼时有毛，后脱落；单叶，掌状，3 裂，裂片前伸，全缘或有不规则锯齿；伞房花序顶生；翅果，果核突出，果翅间成锐角；花期 4 ~ 5 月，果熟期 8 ~ 9 月。

叶

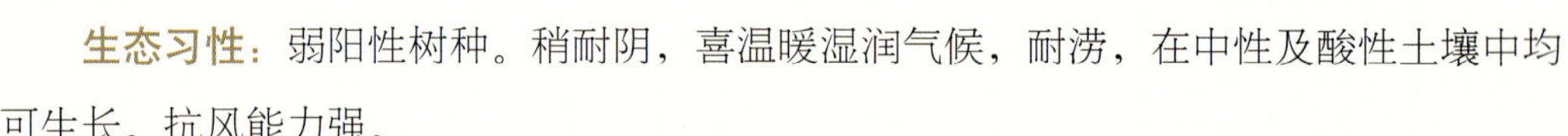

生态习性：弱阳性树种。稍耐阴，喜温暖湿润气候，耐涝，在中性及酸性土壤中均可生长。抗风能力强。

园林用途：三角枫枝叶繁茂，夏绿荫浓密，秋叶色暗红，耐修剪，萌芽力强，是优良的园林绿化树种。常作庭荫树、行道树、护岸树等，常孤植、丛植、列植等。

公园应用：三角枫列植于南广场东侧，其树体高大，枝叶秀丽，入秋叶色变成暗红。其主干扭曲隆起，颇为奇特，景观效果极好；公园将其作行道树，夏季浓荫覆地，成为市民游客休闲纳凉的好地方。

花

果

公园应用

82. 五角枫

拉丁学名： *Acer mono* Maxim.

科属： 槭树科槭树属

形态特征： 落叶乔木，高可达 20m；树皮暗灰色，纵向开裂；小枝无毛；单叶，掌状 5 裂，少 7 裂，裂片较宽，基部 2 裂片向下开展，先端尾状长渐尖，基部心形，全缘；翅果，果翅长；花期 4 ~ 5 月，果熟期 9 ~ 10 月。

生态习性： 喜光，耐寒，稍耐阴，喜凉爽湿润气候，忌过冷或过热，在深厚肥沃的土壤中生长良好。

园林用途： 五角枫树形美观，叶形奇特，叶色秋季变黄色或红色，是优良的园林观赏树种。在园林上，常作庭荫树、行道树、风景树等，可孤植、丛植、列植等。

公园应用： 五角枫以孤植的形式植于南草坪，其树干挺拔，叶形秀丽，秋季叶色变红，下层搭配常绿灌木，红绿相间，层次分明，观赏效果良好。

叶

花

果

公园应用

83. 红枫

拉丁学名： *Acer palmatum* ‘Atropurpure’

科属： 槭树科槭树属

形态特征： 红枫为鸡爪槭园艺品种。落叶小乔木，高可达 4m；枝条细长光滑，常紫红色；叶常年红色或紫红色，掌状，5 ~ 7 深裂，裂片卵状披针形，先端尾尖，边缘有重锯齿；花顶生呈伞房花序，紫色；翅果，两翅间成钝角；花期 4 ~ 5 月，果熟期 9 ~ 10 月。

生态习性： 喜散射光，忌高温强光，喜温暖湿润气候，较耐寒。

园林用途： 红枫枝叶常年呈紫红色，鲜艳夺目，叶形秀丽，是我国重要的彩叶树种。多配置于绿地、草坪及庭院中，也可栽植于山石旁，以孤植、散植为主。

公园应用： 红枫分布于海棠筱苑及东柏树林东侧。树姿俏丽，叶色鲜艳，片植时，与冷季型草坪搭配在一起，色彩分明；栽植于花坛之中，与海桐、海棠、美人梅及地被植物搭配，三季有花，四季有景，美不胜收。

叶

花

果

公园应用

84. 茶条槭

果

拉丁学名： *Acer ginnala* Maxim.

科属： 槭树科槭树属

形态特征： 落叶小乔木，高可达 9m；树皮灰色，粗糙；叶卵状椭圆形，近无毛，长 5 ~ 10cm，多 3 裂，中裂片特大，基部心形或近圆形，缘有不整齐重锯齿；叶柄及中脉带紫红色；圆锥花序；翅果，两翅靠近；花期 5 ~ 6 月，果熟期 9 月。

生态习性： 喜光，耐阴，耐寒，在深厚及排水良好的沙质壤土中生长良好。

园林用途： 茶条槭树干直而洁净，秋叶红艳，翅果美丽，非常美观，是我国重要的园林彩叶树种。园林上宜作庭院树及绿地观赏树，秋叶变红时尤其适合点缀园林及山景，也可作行道树及绿篱。

公园应用： 茶条槭栽植于牡丹园。花香果美，秋叶鲜红色，点缀于草坪之中作为牡丹的背景树，春有牡丹雍容华贵，秋有茶条槭秀色可餐。

叶

花

公园应用

85. 血皮槭

拉丁学名： *Acer griseum*（Franch.）Pax

科属： 槭树科槭树属

形态特征： 落叶乔木，高可达20m；树皮赭红色，小枝圆柱形；叶纸质，卵形，椭圆形或长圆椭圆形，顶生的小叶片基部楔形或阔楔形，聚伞花序有长柔毛，常仅有3花，花淡黄色，杂性，雄花与两性花异株；花期4月，果熟期9月。

花

生态习性： 喜光，耐阴，耐寒，不耐干旱，忌涝，在湿润且排水良好的土壤中生长最好。

园林用途： 血皮槭树皮赭红色，非常特别，叶色鲜艳，具有极高的观赏价值，是我国特有的园林绿化树种。多用作庭园主景树。

公园应用： 血皮槭栽植于牡丹园，其树皮卷曲状剥落，色彩奇特，叶变色于10～11月，从黄色、橘黄色至红色，孤植后突显其观赏性，独具魅力。

叶

果

公园应用

86. 火炬树

拉丁学名： *Rhus typhina* L.

科属： 漆树科盐肤木属

形态特征： 落叶小乔木，高可达 8m；小枝粗壮，密生长绒毛，分枝较少；羽状复叶，11 ~ 31 片，椭圆状披针形，背面有白粉，先端渐尖，缘有锯齿，叶轴无翅；秋叶变红色；圆锥花序顶生，雌雄异株；核果红色，有毛，密生成圆锥状果序，似火炬；花期 6 ~ 7 月，果熟期 8 ~ 9 月。

生态习性： 喜光，对气候及土壤适应性强，抗寒、抗干旱、耐盐碱，萌发力强。

园林用途： 火炬树果序呈红色，形似火炬，秋叶变红，色彩艳丽，是我国重要的秋色叶观赏树种。在园林上，常栽植于广场、草坪、绿地中，多丛植和片植。

公园应用： 火炬树栽植于陶然山山坡上，因其根部萌芽能力强，是防风固沙的先锋树种，其果序鲜红，缀于枝头，经久不落，极为美丽；随着气温降低，其秋叶变红，十分鲜艳，极具观赏价值。

叶
花
果

公园应用

87. 黄栌（红叶）

拉丁学名：*Cotinus coggygria* Scop. var *cinerea Engl.*

科属：漆树科黄栌属

形态特征：落叶灌木或小乔木，高可达 3 ～ 5m；树皮灰褐色；树冠圆形，树皮暗灰褐色；枝条红褐色；单叶互生，卵圆形至倒卵形，长 5cm，先端圆或微凹，全缘，侧脉顶端常双叉状，背面有时有毛；圆锥花序顶生，花小，黄色，杂性；果序上常有多数紫色羽毛状不孕性花梗宿存；核果肾形；花期 4 ～ 5 月，果熟期 6 ～ 7 月。

生态习性：喜光，耐半阴，耐寒，耐干旱贫瘠，忌水湿，在碱性土壤中能够生长，但在肥沃深厚及排水良好的土壤中生长最好。

园林用途：黄栌叶秋季变红，鲜艳夺目，花梗雅观，是著名的园林观赏树种。可栽植于草坪、山坡，也可与其他植物混合搭配，常丛植、孤植、混植等。

公园应用：黄栌栽植于月季种植中心，混植于草坪一隅、常绿树群边缘。秋叶变红，与周边常绿植物搭配，色彩对比鲜明，其花后久留不孕花，花梗呈粉红色羽毛状，在枝头形成似云似雾的景观，远观效果极佳。

叶　花　果　公园应用

88. 臭椿

拉丁学名：*Ailanthus altissima* (Mill.) Swingle

科属：苦木科臭椿属

形态特征：落叶乔木，高可达 30m；树皮灰色，光滑无裂；小枝无顶芽；奇数羽状复叶，互生，小叶卵状披针形，基部有臭腺点，全缘；圆锥花序顶生，花小，杂性；翅果，长椭圆形，种子居中部；花期 6 ~ 7 月，果熟期 9 ~ 10 月。

生态习性：喜光，耐寒，耐干旱贫瘠，忌水湿，在轻度盐碱土壤中也能生长。抗污染能力强。

园林用途：臭椿树干端直，幼叶紫红，翅果鲜红，生长快，是重要的绿化树种。在园林上，常作庭荫树、行道树，也可用在工矿区绿化，常孤植、丛植或与其他植物混栽等。

栽培变种：千头椿，树冠圆球形，分枝较多，整齐美观，在园林上常做行道树使用。红叶椿，幼叶紫红色，保持时间长。

公园应用：臭椿孤植于空旷的南草坪中，其树体高大通直，树冠伞形，姿态美观。作为本地的乡土树种，其对生长环境要求不严，生长迅速，遮阳效果佳。

叶

花

果

公园应用

89. 楝树

拉丁学名：*Melia azedarach* L.

科属：楝科楝属

形态特征：落叶乔木，高 15 ～ 20m；树皮光滑无裂，老时浅纵裂；小枝上有明显皮孔，具绒毛；二至三回奇数羽状复叶互生，小叶卵形或椭圆形，正面灰绿色，被面浅绿色，薄革质，边缘具钝齿；圆锥花序腋生，花较大，两性，堇紫色；核果球形；花期 4 ～ 5 月，果熟期 10 ～ 11 月。

生态习性：喜光，不耐寒，喜温暖湿润气候，在耐轻度盐碱及酸性或钙质土壤中均能生长。

园林用途：楝树树形美观，枝繁叶茂，花色秀丽，生长快，是观赏价值极高的绿化树种。在园林上，常作城市行道树、庭荫树，也可栽植在工矿区等，常孤植、列植、丛植等。

公园应用：楝树孤植于南草坪。整个生长期都具有较高的观赏性，其周边配置高低错落的造型女贞、帚桃、碧桃等植物，更显其高大挺拔。

叶

果

公园应用

90. 刺楸

拉丁学名： *Kalopanax septemlobus* (Thunb.) Koidz.

科属： 五加科刺楸属

形态特征： 落叶乔木，高可达 20 ～ 30m；树皮深纵裂，枝干均具宽大皮刺；单叶互生，叶 5 ～ 7 裂，基部心形，裂片三角状卵形或卵状长椭圆形，先端渐尖，缘有锯齿；叶柄较长；圆锥状复伞形花序顶生，花小，白色；果近球形，花柱宿存；花期 7 ～ 8 月，果熟期 9 ～ 10 月。

花

生态习性： 喜光，对气候适应性强，在肥沃湿润的酸性及中性土壤中生长良好。

园林用途： 刺楸树干通直，叶大美观，富有野趣，是重要的园林绿化树种。宜在园林中作庭荫树和孤植树，也可在自然风景区使用，是重要的造林树种。

公园应用： 刺楸孤植于公园东环路旁，其树形颇为壮观，叶大干直，树皮奇特。刺楸后方搭配观花小乔木海棠，高低错落，层次分明。

叶

果

公园应用

91. 粗糠树

果

拉丁学名：*Ehretia macrophylla* Wall.

科属：紫草科厚壳树属

形态特征：落叶乔木，高可达10m；幼枝具柔毛；单叶互生，表面粗糙，背面密生粗毛，椭圆形，先端尖，基部广楔形或近圆形，缘有锯齿；伞房状圆锥花序，花小，白色，芳香；核果近球形，初为黄色，成熟后黑色；花果期4～7月。

生态习性：喜光，不耐寒，喜湿热气候，在深厚、偏酸性土壤中生长良好。

园林用途：粗糠树叶大浓密，花密芳香，黄果累累，是优良的园林观赏树种。园林中宜作庭荫树和园景树，多孤植、对植。

公园应用：粗糠树是稀有观赏树木品种，孤植于公园南草坪北侧园路旁。

叶

花

公园应用

92. 湖北梣（对节白蜡）

拉丁学名： *Fraxinus hupehensis* Chu, Shang et Su

科属： 木犀科梣属

形态特征： 落叶乔木，高可达19m；干皮深灰色，老时纵裂；侧生小枝棘刺状；羽状复叶多由小叶7～9（11）片组成，叶革质，披针形至卵状披针形，缘具锐锯齿，叶柄长，复叶叶轴具狭翅；短聚伞花序花杂性；翅果；花期2～3月，果熟期9月。

花

生态习性： 喜光，稍耐阴，耐寒，喜温和湿润气候和土壤。

园林用途： 对节白蜡树冠挺直，枝叶茂密，绿荫如盖，枝叶浓郁庄重典雅，是良好的园林观赏树种。园林景观中可孤植、群植，还可栽植成绿篱和制作盆景。

公园应用： 对节白蜡孤植于东柏树林，利用其季相变化，形成特殊景观，同时对节白蜡在海棠筱苑以盆景的形式向游客展示。

叶

果

盆景应用

93. 兰考泡桐

拉丁学名： *Paulownia elongata* S. Y.Hu

科属： 玄参科泡桐属

形态特征： 落叶乔木，高可达 10 ~ 15m；树冠宽圆锥形；小枝褐色，有突起皮孔；单叶对生，广卵形或卵形，全缘或 3 ~ 5 浅裂，背面有毛；圆锥花序顶生，花大，淡紫色；蒴果，卵形；花期 4 ~ 5 月，果期秋季。

生态习性： 喜光，耐干旱贫瘠，忌积水和盐碱，喜温暖湿润气候，在深厚肥沃及排水良好的土壤中生长良好。

园林用途： 兰考泡桐树干通直，树冠宽圆锥形，是北方地区优良的园林绿化树种。在园林上，常作四旁树种栽植。

公园应用： 泡桐孤植于海棠筱苑，其树干通直、花色雅致，花开时节香气四溢。

叶

花

果

94. 梓树

拉丁学名：*Catalpa ovata* G. Don

科属：紫葳科梓属

形态特征：落叶乔木，高可达6～10m；树皮灰褐色，纵向开裂；树冠倒卵形；嫩枝及叶柄有毛；叶对生或轮生，广卵形或圆形，3～5浅裂，背面基部脉腋有紫斑；圆锥花序顶生，花淡黄色，内有黄色条纹或紫斑；蒴果，细长下垂；花期5～6月，果熟期8～9月。

果

生态习性：喜光，稍耐阴，耐寒，忌干旱贫瘠和湿热，耐轻度盐碱，在深厚肥沃及排水良好的土壤中生长良好。抗污染能力强。

园林用途：梓树树冠圆整，叶大荫浓，花美色艳，是优良的园林绿化观赏树种。在园林上，常作行道树、庭荫树，宜可孤植于草坪上、住宅旁及工矿区附近等。

公园应用：梓树丛植于东柏树林草坪中，其冠幅开展，叶大荫浓，春夏黄花满树，秋冬荚果悬挂，集观姿、观花、观叶、观果于一体，香气馥郁，十分美观。

叶

花

公园应用

95. 黄金树

拉丁学名：*Catalpa speciosa* Ward.

科属：紫葳科梓属

果

形态特征：落叶乔木，高可达6～10m；树皮灰色，厚鳞片状开裂；树冠开展；叶常卵形，顶端渐尖，基部截形或心形，全缘或少浅裂，背面有柔毛，基部脉腋有绿色腺斑；圆锥花序顶生，花白色，内有黄色条纹或淡紫斑；蒴果，下垂；花期5～6月，果熟期8～9月。

生态习性：喜光，不耐寒，喜凉爽湿润气候，在深厚肥沃的疏松土壤中生长良好。

园林用途：黄金树树形优美，是优良的园林绿化树种。在园林上，常作行道树及庭荫树，生长上不及梓树和楸树。

公园应用：黄金树孤植于棕榈园。

叶

花

公园应用

第二篇　灌木

一、常绿灌木

96. 沙地柏

拉丁学名：*Sabina vulgalis* Ant.

科属：柏科圆柏属

形态特征：匍匐状灌木，通常高不及1m；幼时常为刺叶，交叉对生，背面有长条形腺体，壮龄树全为鳞叶，背面中部有腺体，叶揉碎有特殊气味；球果倒三角形或叉状球形。

生态习性：耐寒，耐干旱，可做水土保持和固沙造林树种。

园林用途：沙地柏地上部匍匐生长，树体低矮、冠形奇特，生长快，耐修剪，四季苍绿，在园林建设中广为应用。

公园应用：沙地柏丛植于东环路园林景点内、沉香园、南广场等处。沙地柏四季常绿，其与景石、灌木、草花、草坪相搭配，使东环路的园林景观层次更加丰富；在沉香园中栽植于小径边缘，与大型花灌木搭配，高低错落，色彩分明。

叶　花　公园应用

97. 南天竹

拉丁学名： *Nandina domestica* Thunb.

科属： 小檗科南天竹属

形态特征： 常绿灌木，高可达 2m；茎丛生，少分枝；二至三回羽状复叶互生，小叶狭披针形，全缘，冬季叶色变红；圆锥花序顶生，花小，白色；浆果球形，红色；花期 5 ~ 7 月，果熟期 9 ~ 10 月。

生态习性： 喜光，较耐阴，较耐寒，喜温暖湿润气候，在肥沃湿润且排水良好的土壤中生长最好。

园林用途： 南天竹秋叶红艳，果实红色经久不落，是我国重要的园林绿化苗木。园林上常丛植或片植于绿地、庭院、山石旁、墙角处，主要起点缀作用。

公园应用： 南天竹丛植于沉香园、木兰园、西环路、海棠筱苑等处，搭配景石和常绿植物，春季红果、秋冬红叶与常绿植物的绿叶相互搭配，增加了园林景观色彩，景观效果佳。

叶

花

果

公园应用

98. 十大功劳（狭叶十大功劳）

拉丁学名：*Mahonia fortunei* (Lindl) Fedde

科属：小檗科十大功劳属

形态特征：常绿灌木，高可达 2m；奇数羽状复叶，小叶狭披针形，缘具刺齿，硬革质，具光泽，小叶无柄；花亮黄色；果实圆形，成熟时黑色；花期 8 ~ 9 月，果熟期 10 ~ 11 月。

生态习性：喜光，耐半阴，喜温暖湿润气候，较耐寒，对土壤适应性强。

园林用途：十大功劳叶型奇特，花色艳丽，是常用的园林绿化苗木。园林上常丛植于绿地、建筑物旁，也可栽植为绿篱，均具有较好的观赏效果。

公园应用：十大功劳丛植于南草坪林下作基础种植与景石相配。其叶形奇特，黄花似锦，果实成熟后呈蓝紫色，典雅美观，远观效果佳。

叶

花

果

公园应用

99. 红花檵木

拉丁学名： *Loropetalum chinense* var. *rubrum*

科属： 金缕梅科檵木属

形态特征： 常绿灌木或小乔木，高可达 10m；小枝有毛；叶互生，暗紫色，卵形或椭圆形，先端渐尖，全缘，基部不对称；花带状条形，紫红色，3 ~ 8 朵簇生于小枝顶端；蒴果，两瓣裂；花期 4 ~ 5 月，果熟期 8 月。

生态习性： 喜光，稍耐阴，较耐寒，喜温暖气候及酸性土壤，在公园能够正常越冬。

园林用途： 红花檵木是优良的观叶观花树种。常栽植于园林绿地中，可孤植、丛植、群植。

公园应用： 红花檵木枝繁叶茂，姿态优美，耐修剪，耐蟠扎，可用于绿篱，也可用于制作树桩盆景。红花檵木花开时节，满树红花，极为壮观。公园将其修剪成球状，孤植于南广场绿带中；在公园管理处门口景点中，红花檵木与景石和龟甲冬青、金森女贞等相配，丰富了植物色彩，增加了植物层次。

叶　花　果　公园应用

100. 蚊母树

叶

拉丁学名： *Distylium racemosum* Sieb. et Zucc.

科属： 金缕梅科蚊母树属

形态特征： 常绿灌木或小乔木，高可达 16m；小枝黄绿色，具棱；单叶互生，厚革质，倒卵状长椭圆形，近全缘，有光泽；总状花序腋生，花小无花瓣，雄蕊红色；蒴果，花柱宿存于其顶端；花期 4 ~ 5 月，果熟期 9 月。

生态习性： 喜光，能耐阴，喜温暖湿润气候，较耐寒，对土壤要求不严。

园林用途： 蚊母枝叶繁茂，四季常绿，具有一定的观赏价值。园林上常作景观树，也可修剪成各种造型供观赏，多孤植。

公园应用： 蚊母丛植于木兰园小径边缘，其生长迅速，形成了局部郁闭的空间，起到了较好的空间分割作用。

花　果　公园应用

101. 海桐

拉丁学名： *Pittosporum tobira* (Thunb.) Ait.

科属： 海桐花科海桐花属

形态特征： 常绿灌木，株高可达6m；树冠近圆球形，小枝近轮生；单叶互生，革质，有光泽，长倒卵形，全缘并反卷，集生于枝顶；伞房花序，花小，白色，具芳香；蒴果卵球形；花期5月，果熟期10月。

生态习性： 喜光，稍耐阴，喜温暖湿润气候，不耐寒，对土壤要求不严。

园林用途： 海桐树冠规整，枝叶茂盛，叶色浓绿光亮，花朵清新芳香，是我国常见的园林绿化观赏树种。园林中多修剪成规整的形状植于草坪、广场等，也可做绿篱和地被栽植。

公园应用： 海桐叶色浓绿，经冬不凋，初夏花朵清香，入秋果实开裂露出红色种子，颇为美观，海桐孤植于公园沉香园，独立成景；在东柏树林内利用其耐阴性，将海桐3年生小苗作地被植物片植，与麦冬和草坪搭配，有效解决了黄土裸露问题。

叶

花

果

公园应用

102. 火棘

拉丁学名： *Pyracantha fortuneana* (Maxim.) Li

科属： 蔷薇科火棘属

形态特征： 常绿灌木，高可达 3m；枝条拱形下垂，侧枝短，先端棘状；单叶互生，倒卵状长椭圆形，先端圆或微凹，缘具钝齿；复伞房花序，花白色；梨果近圆形，橘红色或深红色；花期 3 ～ 5 月，果熟期 8 ～ 11 月。

生态习性： 喜光，稍耐阴，喜温暖湿润气候，较耐寒，对土壤适应性强。

园林用途： 火棘白花密集，红果累累经久不落，是我国重要的园林绿化树种。园林上宜栽植于草坪、林边、湖畔等处，可修剪成球，也可栽植为绿篱，常孤植、丛植。

公园应用： 公园将火棘修剪为云片造型栽植于东环路旁，2014 年，在原有的火棘造型的周边，增添景石，搭配海棠、海桐、八仙花和各类草花，打造了全新景点，此处也成为公园东环路打造“花不断链、景不断线”的园林景观重要节点。

叶

花

果

公园应用

103. 椤木石楠

拉丁学名：*Photinia davidsoniae* Rehd. et Wils.

科属：蔷薇科石楠属

形态特征：常绿乔木或灌木，树高多 3 ~ 8m，最高可达 15m；树干和枝条有刺，幼枝红色；叶革质，长椭圆形至倒卵状披针形，边缘稍反卷，具细腺齿；顶生复伞房花序，花白色；果卵球形，黄红色；花期 5 月，果熟期 9 ~ 10 月。

生态习性：喜光，稍耐阴，喜温暖湿润气候，耐干旱，忌涝，对土壤适应性强。

园林用途：椤木石楠树形圆整，红果累累，极具观赏价值。园林上常栽植于庭院观赏，因其具枝刺，亦可作绿篱；可孤植、对植或片植。

公园应用：椤木石楠孤植于西门北侧健身园。

叶

花

公园应用

104. 石楠

拉丁学名：*Photinia serrulata* Lindl.

科属：蔷薇科石楠属

形态特征：常绿灌木或小乔木，高可达 6m；整株无毛；小枝灰褐色；幼叶红色，叶革质，单叶互生，长椭圆形或倒卵状椭圆形，表面光亮深绿色，边缘有细锯齿；花白色，组成复伞房花序顶生；果近球形，直径 5 ~ 6mm；花期 4 ~ 5 月，果熟期 10 ~ 11 月。

叶

生态习性：喜光，稍耐阴，耐一定的低温，喜温暖湿润气候，耐干旱贫瘠，在肥沃湿润且排水良好的微酸性土壤中生长良好。

花

园林用途：石楠树形圆整美观，嫩叶红色，老叶常绿，夏季白花朵朵，秋季红果累累，是观赏价值极高的园林树种。常作庭荫树、绿篱等栽植，还可根据景观效果的需要，修剪成不同的造型，亦可孤植、丛植于园林景观中。

公园应用：石楠栽植于公园东环路、南广场。南广场采用了丛植形式与绿篱、草坪搭配；在东环路两侧采取了列植的栽植方式，不仅分割了空间，更是作为海棠的背景树提升了整体景观效果。

果

公园应用

105. 红叶石楠

拉丁学名：*Photinia×fraseri* ‘Red Robin’

科属：蔷薇科石楠属

形态特征：光叶石楠与石楠的杂交种。常绿灌木，高可达5m；多分枝；春秋季新叶鲜红，冬季上部叶鲜红，下部深红；果实红色；花期4～5月，果熟期10月。

生态习性：喜光，稍耐阴，喜温暖湿润气候，耐干旱贫瘠，忌水湿。

园林用途：红叶石楠株型紧凑，叶色艳丽，四季常绿，是重要的红叶观赏树种。园林上常栽植于绿地、草坪、道路旁等，亦可修剪为绿篱，或与其他植物搭配栽植；常孤植、对植、群植、片植。

公园应用：红叶石楠春季新叶红艳，夏季转绿，秋、冬、春三季呈现红色，霜重色逾浓，是难得的色叶灌木植物。红叶石楠片植于公园西草坪、南大草坪，与紫叶小檗、金叶女贞等组合成各种图案，红叶黄叶，色彩对比鲜明；在东西环路两侧修剪成篱状、球状等造型，用于区域分割。

叶

花

公园应用

106. 洒金东瀛珊瑚

叶

拉丁学名：*Aucuba japonica* Variegata

科属：山茱萸科桃叶珊瑚属

形态特征：常绿灌木，高可达5m；小枝绿色；叶对生，叶革质，椭圆状卵形至长椭圆形，叶面有黄色斑点，缘有粗锯齿；圆锥花序，花紫色；核果浆果状，鲜红色。

生态习性：耐阴，较耐寒，喜肥沃疏松的微酸性或中性土壤，在碧沙岗公园能够正常越冬。

园林用途：洒金东瀛珊瑚叶色奇特，枝繁叶茂，凌冬不凋，是珍贵的耐阴灌木。园林上常用作绿篱，或作为其他花灌木的陪衬栽植。

公园应用

公园应用：洒金东瀛珊瑚是十分优良的耐阴树种，特别是其叶片黄绿相映，十分美丽，宜栽植于园林的庇荫处或树林下。洒金东瀛珊瑚片植于东柏树林、西草坪林下，作为中小型常绿灌木与草坪搭配，黄绿相映，美化环境，避免了黄土裸露。

公园应用

107. 大叶黄杨（冬青卫矛）

叶

拉丁学名：*Euonymus japonicas* Thunb.

科属：卫矛科卫矛属

形态特征：常绿灌木或小乔木，高可达8m；叶革质，倒卵状椭圆形，缘有圆钝锯齿，表面有光泽；聚伞花序腋生，花绿白色；蒴果扁球形，棕黄色，熟后4瓣裂；花期3～4月，果熟期6～7月。

生态习性：喜光，能耐阴，喜温暖湿润气候，较耐寒。

园林用途：大叶黄杨枝密叶绿，果实鲜艳，有较高观赏价值。园林上常作绿篱或修剪成球形，也可作小乔木使用。

栽培变种：金边大叶黄杨、银边大叶黄杨、北海道黄杨等。

公园应用：大叶黄杨在园内修剪为各类造型，列植于南广场、东环路等处，造型奇特优美。

果

花

公园应用

108. 枸骨

叶

拉丁学名：*Ilex cornuta* Lindl. et Paxt.

科属：冬青科冬青属

形态特征：常绿灌木或小乔木，高可达 3m；叶硬革质，具尖硬刺齿 5 枚，先端后弯，表面深绿而有光泽；花小，黄绿色，簇生于 2 年生枝腋；核果球形，鲜红色；花期 4 ~ 5 月，果熟期 10 ~ 12 月。

生态习性：喜光，耐旱，耐干旱贫瘠，在深厚肥沃的沙质壤土中生长最好。

园林用途：枸骨叶形奇特，常年翠绿，果实红色经久不落，是我国观叶观果树种。常作绿篱，也可修剪成各种造型，效果极佳。

公园应用：枸骨枝叶稠密，叶形奇特，深绿光亮，入秋红果累累，经冬不凋，鲜艳美丽。在园内将其修剪为球形，三五株栽植于牡丹园山石花坛内点缀山石，丰富园林景观。

花

果

公园应用

109. 黄杨（瓜子黄杨）

拉丁学名： *Buxus sinica* (Rehd. et Wils.) Cheng ex M.Cheng

科属： 黄杨科黄杨属

形态特征： 常绿灌木或小乔木，高可达7m；枝叶松散，小枝有毛；叶多倒卵形，革质，先端圆钝或微凹，表面有光泽；花簇生于叶腋或枝端；花期3～4月，果熟期5～6月。

生态习性： 耐阴，较耐寒，抗烟尘；生长慢，耐修剪。

园林用途： 瓜子黄杨株型美观，四季浓绿，较具观赏价值。园林上常作绿篱庭院观赏用，可根据配置需要修剪成各种形状，多孤植或丛植。

公园应用： 瓜子黄杨常作造型植物应用，其主要集中栽植于公园南广场。南广场是郑州市园林局精细化管理示范点，也是规则式园林的主要展示区域，瓜子黄杨被修剪为圆形、塔形等造型，配合其他造型植物，构成规则式园林景观。

叶

花

果

公园应用

110. 八角金盘

拉丁学名： *Fatsia japonica* (Thunb.) Decne. et Planch.

科属： 五加科八角金盘属

形态特征： 常绿灌木，高可达 5m，呈丛生状；单叶互生，幼嫩叶具易脱落的褐色毛，叶革质，掌状 7 ~ 11 深裂，边缘有锯齿；叶柄长，基部膨大；球状伞形花序聚生成顶生圆锥状复花序，花小，乳白色；夏秋开花。

生态习性： 喜光，耐阴，有一定的耐寒力，喜湿润且排水良好的沙质壤土。

园林用途： 八角金盘四季常青，叶形特别，且叶色光亮优美，常做室内观叶植物。园林上常栽植于树荫下、草坪边缘、庭院、建筑物背阴处等，叶子也可做插花的花材使用。

公园应用： 八角金盘是郑州市表现较好的园林耐阴灌木，其片植于东柏树林、西环路、海棠品种园、海棠筱苑等处，四季常绿，不仅避免了黄土裸露，而且丰富了园林景观层次。

叶　花　果

公园应用

111. 夹竹桃

拉丁学名： *Nerium indicm* Mill.

科属： 夹竹桃科夹竹桃属

形态特征： 常绿灌木，高可达 5m；枝条灰绿色，叶 3 枚轮生，硬革质，狭披针形，先端急尖，基部楔形，全缘且边缘反卷；聚伞花序顶生，花冠粉红色或深红色，栽培变种有白色和黄色；蓇葖果细长；花期 6 ~ 10 月。

生态习性： 喜光，喜温暖湿润气候，不耐寒，在排水良好肥沃的中性土中生长良好；耐烟尘，强抗有毒气体。

园林用途： 夹竹桃细叶如柳似竹，花色鲜艳，有香气，是我国有名的观赏花卉。栽植于建筑物旁、公园、绿地、道路两侧，更适宜于工矿区和公路沿线栽植；其茎、叶有毒。

公园应用： 夹竹桃的叶片如柳似竹，红花灼灼，胜似桃花，花冠粉红至深红或白色，有特殊香气。夹竹桃片植于牡丹园东侧入口处，带植于东柏树林东侧围栏处，其生长迅速，能迅速成景，作为中高型花灌木，前方配置连翘等中矮型的花灌木，形成了较好的花篱，丰富了园林景观，延长了观赏期。

叶

花

公园应用

112. 金叶女贞

拉丁学名：*Ligustrum* × *vicaryi* Rehd.

科属：木犀科女贞属

形态特征：金边卵叶女贞与金叶欧洲女贞的杂交种。落叶或半常绿灌木，高可达60cm；单叶对生，卵状椭圆形，嫩叶黄色，后渐变为黄绿色；总状花序，白色，芳香；核果；花期夏季。

生态习性：喜光，稍耐阴，喜温暖气候，耐寒，对土壤适应性强；抗污染性强。

园林用途：金叶女贞叶色金黄，色彩艳丽，是北方重要的园林观叶树种。园林上主要与其他灌木搭配成不同颜色的色块或作绿篱，也可修剪成不同形状，观赏效果极佳。

公园应用：金叶女贞在生长季节叶色呈金黄色，园林中常修剪为各种造型，配合其他造型植物构成景观。公园将金叶女贞修剪为造型植物丛植于棕榈园，独立成景；在南广场和北伐将士纪念碑等处与紫叶小檗、红花檵木、龙柏、黄杨等组成色块，形成强烈的色彩对比，给人以视觉冲击。

叶

花

公园应用

113. 小叶女贞

叶

拉丁学名：*Ligustrum quihoui* Carr.

科属：木犀科女贞属

形态特征：落叶或半常绿灌木，高可达 3m；枝条开展松散，小枝有毛；叶对生，薄革质，倒卵状椭圆形，先端钝；圆锥花序，细长，花白色，芳香，无花梗；核果紫黑色；花期 5 ～ 7 月，果熟期 10 ～ 11 月。

生态习性：喜光，稍耐阴，较耐寒，喜温暖湿润气候，对土壤适应性强；抗污染性强；耐修剪。

园林用途：小叶女贞株型潇洒，枝条松散，观赏性强。园林上常用作庭院观赏，或用作绿篱或修剪为造型。

公园应用：小叶女贞生长旺盛，丛植于公园南草坪，作为草坪的背景植物，用于空间分割和视线遮挡；在棕榈园和海棠筱苑，小叶女贞通过修剪成为各种造型，搭配其他造型植物，共同构成规则式园林。

花

果

公园应用

114. 云南黄馨（野迎春）

拉丁学名： *Jasminum mesnyi* Hance

科属： 木犀科素馨属

形态特征： 半常绿灌木，高可达 3 ~ 4.5m；枝绿色，细长拱形；三出复叶对生，无毛；花金黄色，较迎春花大，径 3.5 ~ 4cm，花冠 6 裂或成半重瓣，单生于具总苞状单叶小枝端；花期 4 ~ 5 月。

生态习性： 喜光，稍耐阴，不耐寒。

园林用途： 在我国园林中颇为常见，小枝细长而具悬垂形，常作绿篱，有很好的绿化效果。植于路缘、岸边、坡地及石隙均优美。

公园应用： 云南黄馨丛植于北门东西两侧，犹如一对敞开的大门相互呼应，柔美的枝条向外延展，遮盖了沿街石，花开时节满枝黄花，非常美丽。

叶

花

公园应用

115. 探春花（迎夏）

叶

拉丁学名：*Jasminum floridum* Bunge.

科属：木犀科素馨属

形态特征：落叶或半常绿蔓性灌木，高可达3m；枝条开展下垂，4棱形，绿色，光滑；羽状复叶互生，小叶多为3片，少有5片，卵形或卵状椭圆形；先端渐尖，基部楔形，3～5聚伞花序顶生，金黄色；浆果近圆形；花期5～6月，果熟期9～10月。

生态习性：喜光，不耐阴，喜温暖湿润气候，稍耐寒，忌涝，对土壤适应性强。

园林用途：迎夏枝繁叶茂，花色金黄，黄绿相间极为美观，是重要的园林观花树种。园林上常丛植于林边、草坪、庭院中，观赏性极佳。

公园应用：迎夏枝条披垂，初夏开花，花色金黄，叶丛翠绿。迎夏丛植于公园牡丹山和沉香园，搭配山石和台阶，柔美的枝条较好遮挡了台阶的生硬，起到了画龙点睛的作用。

花

公园应用

116. 郁香忍冬

拉丁学名：*Lonicera fragrantissima* Lindl. et Paxt.

科属：忍冬科忍冬属

形态特征：半常绿灌木，高可达3m；幼枝无毛或疏生刚毛，枝具白髓；叶卵状椭圆形至卵状披针形，先端短尖，背面蓝绿色，近基部及中脉有毛；茎具小托叶；花成对生于叶腋，花冠唇形，白色或带粉红色，芳香；浆果球形，红色；花期2～4月，果熟期5～6月。

生态习性：喜光，稍耐阴，耐寒，耐旱，忌涝，在湿润肥沃的土壤中生长良好。

园林用途：郁香忍冬花密芳香，果实红艳，观赏效果好。园林上常栽植于庭院、草坪边缘、园路旁、转角一隅、假山前后及亭台际附近。

公园应用：郁香忍冬列植于棕榈园，用于分割空间和遮挡视线。

叶

花

果

公园应用

117. 日本珊瑚树（法国冬青）

拉丁学名： *Viburnum odoratissimum* Ker-Gawl var. *awabuki* (K. Koch) Zabel ex Rumpl.

科属： 忍冬科荚蒾属

形态特征： 常绿灌木或小乔木，高可达 15m；枝上有小瘤体；叶革质，倒卵状长椭圆形，全缘或上部有疏锯齿，富有光泽；花冠筒长，裂片短于筒部；核果倒卵形，成熟时红色，后变蓝黑色；花期 5 ~ 6 月，果熟期 7 ~ 10 月。其为华南珊瑚树（*Viburnum odoratissimum* Ker-Gawl.）的变种。

生态习性： 喜光，稍耐阴、不耐寒，喜温暖气候。

园林用途： 法国冬青树干挺直，四季常青，叶片光泽明亮，是重要的公园应用树种。园林上常作绿篱或绿墙，又因其具有耐火、滞尘等特点，故也被应用于防火林带及厂区绿化。

公园应用： 法国冬青在园内主要采用孤植和列植的栽植方式。法国冬青作为高大灌木孤植于南广场，中下层搭配栽植锦带、沙地柏和各类草花，形成高低错落、开花与常绿相结合的植物种植结构；在东柏树林东侧公园围墙处则采取列植方式，遮挡了后方的墙体，起到了阻挡视线和分割空间的作用。

叶

花

果

公园应用

118. 枇杷叶荚蒾（皱叶荚蒾、山枇杷）

拉丁学名： *Viburnum rhytidophyllum* Hemsl.

科属： 忍冬科荚蒾属

形态特征： 常绿灌木或小乔木，高可达 4m；幼枝、叶背及花序均密被星状毛；叶大，革质，卵状长椭圆形，全缘或具锯齿，叶面皱褶而光亮；花冠黄白色，裂片与萼筒近等长；核果小，由红变黑；花期 4 ～ 5 月，果熟期 9 ～ 10 月。

生态习性： 喜光，耐半阴，喜温暖气候，较耐寒。

园林用途： 枇杷叶荚蒾枝叶优美，花果美丽，是我国重要的园林绿化树种。园林上常丛植或片植于绿地、草坪供观赏。

公园应用： 枇杷叶荚蒾丛植于公园沉香园绿地内。

叶

果

花

119. 凤尾丝兰（菠萝花）

花

拉丁学名：*Yucca gloriosa* L.

科属：百合科丝兰属

形态特征：常绿木本，高可达 2.5m；叶剑形挺直，长 40 ~ 80cm，顶端尖硬，边缘光滑，老叶边缘时有疏丝；圆锥花序生于干顶，长达 1m，花下垂，乳白色，端部带紫晕；蒴果不开裂；夏秋两季开花。

生态习性：喜光，耐阴，喜温暖气候，耐寒，对土壤适应性强，不耐盐碱；抗污染性强。

园林用途：凤尾兰花大素雅，叶形奇特，是我国重要的园林观赏植物。园林上常栽植于草坪边缘、林缘、河畔、园路路口等，也可栽植于道路两旁作绿篱。

公园应用：凤尾兰叶形如剑，繁盛洁白的花朵下垂如铃，姿态优美，花期持久，幽香宜人。凤尾兰片植于棕榈园山体、牡丹园山体的小径旁及山脚下，利用其高低错落、数株成丛进行置景，常作下层耐阴灌木配合大型灌木和小乔木使用。其叶片常年浓绿，花、叶皆美，树态奇特，是难得的园林观赏植物。

叶

公园应用

花序

120. 金丝桃

花

拉丁学名：*Hypericum monogynum* L.

科属：藤黄科金丝桃属

形态特征：半常绿灌木，高可达 1m；小枝圆柱形，红褐色；单叶对生，叶长椭圆形，全缘，具透明腺点，无叶柄；顶生聚伞花序，花鲜黄色，花丝多而细长，金黄色，基部合生为 5 束；蒴果；花期 5 ～ 7 月。

生态习性：喜光，耐半阴，较耐寒。在碧沙岗公园能够正常越冬。

园林用途：金丝桃花色鲜艳，叶形秀丽，是南方园林上常见的观赏花木。常栽植于草坪、假山、庭院旁与其他植物进行搭配，观赏效果极佳。

公园应用：金丝桃花叶秀丽，花冠如桃花，雄蕊金黄色，细长如金丝绚丽可爱。金丝桃植株低矮，将其作为花径丛植于东环路沿路，后方配置中型的常绿大灌木，花时一片金黄，与常绿植物相呼应，鲜明夺目，艳丽异常。

叶

果

公园应用

二、落叶灌木

121. 紫玉兰

花

拉丁学名： *Magnolia liliflora* Desr. (*M. quinquepeta* Dandy)

科属： 木兰科木兰属

形态特征： 落叶大灌木，高可达 3m；大枝尽直伸，小枝紫褐色，无毛；叶椭圆形或倒卵状椭圆形，先端急尖或渐尖，基部楔形并稍下延，背面中脉上有毛；花叶同放，花形大，外面紫色，里面近白色，钟状，花被片 9 ~ 12，萼片 3，绿色，具香味；花期 3 ~ 4 月，果熟期 9 ~ 10 月。

生态习性： 喜光，较耐寒，忌涝，在肥沃湿润及排水良好的土壤上生长良好。

园林用途： 紫玉兰早春开花，花形优美，别具风情，花蕾形大如毛笔，是我国著名的传统绿化观赏树种。在园林上，常用于古典园林中，或栽植于庭院、绿地上，可结合山石、水体、建筑或其他植物进行搭配。

公园应用： 紫玉兰片植于木兰园、南草坪，树干高大，下层搭配常绿灌木，早春花开时节，朵朵紫花绽放，与常绿灌木相互呼应，层次分明。

叶

果

122. 蜡梅

拉丁学名： *Chimonanthus praecox* (L.) Link

科属： 蜡梅科蜡梅属

形态特征： 落叶灌木，高可达4m；小枝近方形；单叶对生，半革质，卵状披针形，全缘，表面粗糙；花先叶开放，单生于叶腋，花被片蜡质，黄色，内侧有紫色条纹，浓香；蒴果；花期11月至翌年3月，果熟期8月。

花

生态习性： 喜光，稍耐阴，耐寒，耐干旱，忌水湿，在深厚且排水良好的土壤中生长良好。

园林用途： 蜡梅严冬开放，香飘四溢，是我国北方著名的冬季观赏树种。园林上常栽植于建筑物旁、草坪边缘、园路路口，可孤植、对植、丛植。

常见栽培品种及变种： 素心蜡梅、馨口蜡梅、虎啼蜡梅、狗牙蜡梅等。

公园应用： 蜡梅花黄色美丽，是良好的园林绿化植物。蜡梅片植于公园棕榈园和沉香园，以蜡梅作主景，配以南天竹等常绿植物，冬季黄花、红果、绿叶相映成趣，风韵别致。

叶

果

公园应用

123. 紫叶小檗

拉丁学名： *Berberis thunbergii* 'Atropurpurea'

科属： 小檗科小檗属

形态特征： 落叶灌木，高可达2（3）m；多分枝，小枝红褐色，有枝刺；单叶互生或簇生，倒卵形或匙形，全缘，阳光充足的条件下，常年紫红色；花单生或簇生，花小，黄白色；浆果亮红色；花期4月，果熟期9～10月。

生态习性： 喜光，耐半阴，喜凉爽湿润气候，耐寒，忌涝，耐干旱贫瘠，修剪过重后易枯死。

园林用途： 紫叶小檗枝细密有刺，叶色亮丽，果实红艳，是重要的观叶、观果园林绿化树种。园林上常用作绿篱栽植或与其他彩色叶植物组成色块、色带和模纹花坛。

公园应用： 紫叶小檗焰灼耀人，枝细密而有刺，春季开小黄花，叶常年紫红色，果熟后亦红艳美丽，是良好的观果、观叶和刺篱材料。紫叶小檗作为造型植物栽植于公园南广场和北伐将士纪念碑等处，将紫叶小檗与大叶黄杨、金叶女贞、海桐搭配，形成红、绿、黄对比鲜明的色块，给人以视觉冲击。

叶　花　果　公园应用

124. 牡丹

花

拉丁学名： *Paeonia suffruticosa* Andr.

科属： 毛茛科芍药属

形态特征： 落叶灌木，高可达2m；二回三出复叶，互生，小叶卵形，3～5裂；花型大，12～30cm，单生枝顶，单瓣或重瓣，有白色、粉色等多种；聚合蓇葖果，被黄褐色毛；花期4～5月，果熟期9月。

生态习性： 喜光，耐寒，忌涝，忌热，栽植时素有“春栽牡丹到老不开花”之说。

园林用途： 牡丹花大色艳，素有“国色天香”等美誉，是我国极其名贵的观赏花木。园林上常成片栽植成为牡丹园，也可丛植于山石、庭院角落供观赏用。

公园应用： 牡丹主要栽植于牡丹园，主要应用方式，一是规则式布置，中心五个花坛内，相同品种、相同规格的牡丹按照相同的株行距整齐地栽植于内，集中连片；二是自然式布置，牡丹园周边将牡丹与山石、建筑等园林小品相互搭配，更好地把牡丹与周围园林景观相结合，创造了峰回路转、步移景异、源于自然、高于自然的意境，使人们于游览、休憩的过程中欣赏雍容华贵的牡丹花。

叶

果

公园应用

125. 木槿

拉丁学名： *Hibiscus syriacus* L.

科属： 锦葵科木槿属

形态特征： 落叶灌木或小乔木，高可达 6m；小枝幼时密被柔毛；叶光滑无毛，菱状卵形，基部楔形，顶端常 3 裂，缘有钝锯齿；花单生于叶腋，单瓣或重瓣，淡紫色、红色、白色等，朝开暮合；蒴果卵圆形，表面密生星状绒毛；花期 7 ~ 9 月，果熟期 10 ~ 11 月。

花

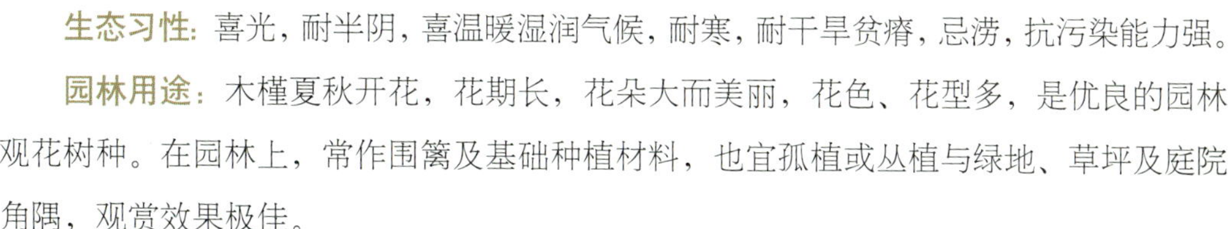

生态习性： 喜光，耐半阴，喜温暖湿润气候，耐寒，耐干旱贫瘠，忌涝，抗污染能力强。

园林用途： 木槿夏秋开花，花期长，花朵大而美丽，花色、花型多，是优良的园林观花树种。在园林上，常作围篱及基础种植材料，也宜孤植或丛植与绿地、草坪及庭院角隅，观赏效果极佳。

常见栽培品种： 单瓣有纯白、白花褐心、浅粉红心；重瓣的有粉花重瓣、白花重瓣、紫花半重瓣等。

公园应用： 木槿是夏、秋季的重要观花灌木，片植于公园木兰园小径旁、牡丹园东侧入口处，长势旺盛，自然形成花篱。

叶

公园应用

公园应用

126. 柽柳

拉丁学名：*Tamarix chinensis* Lour.

科属：柽柳科柽柳属

形态特征：落叶灌木或小乔木，高可达5m；树皮灰褐色；枝细长而下垂，紫红色，有光泽；叶细小，互生，鳞片状，先端内弯；总状花序，花小，基数5，粉红色；花期4～9月。

生态习性：喜光，不耐阴，适应性特别强，耐寒，耐干旱贫瘠，抗风沙，耐盐碱；生长快，寿命较长。

园林用途：柽柳枝叶纤秀，姿态婆娑，花色美丽，极具特色。多生长于黄河流域，是制作盆景的优良素材，亦可作庭园观赏树，是防风固沙的优良树种。

公园应用：柽柳树形优美，枝叶飘逸纤秀，孤植于棕榈园的造型盆中，自成盆景。

叶

花

公园应用

127. 银芽柳

拉丁学名：*Salix* × *leucopithecia* Kimura

科属：杨柳科柳属

形态特征：灌木，高可达 3m；分枝稀疏，小枝绿褐色，幼时有毛，具红晕；冬芽红褐色，具光泽；叶长椭圆形，缘有细锯齿，背面有白毛。

花

生态习性：喜光，耐阴、耐湿、耐寒，在土层深厚且湿润肥沃的环境中生长良好。

园林用途：银芽柳雄花序盛开前密被银白色绢毛，颇为美观，常适于瓶插观赏。园林中常植于廊架旁、池畔、河岸等。

公园应用：银芽柳孤植于公园沉香园。

叶

果

公园应用

128. 溲疏

花

拉丁学名：*Deutzia crenata* Sieb. et Zucc.

科属：八仙花科溲疏属

形态特征：落叶灌木，高可达 3m；干皮薄片状剥落；叶长卵状椭圆形，缘具锯齿，两面有毛；总状花序，有时基部分枝成圆锥花序，花白色或略带粉红色；花期 5 ~ 6 月。

生态习性：喜光，稍耐阴，较耐寒，喜温暖湿润气候，耐修剪。

园林用途：溲疏花密素雅，经久不败，具有较高的园林观赏价值。常丛植于广场、草坪、假山旁，也可列植为绿篱。

公园应用：溲疏孤植于公园西草坪东北角，与冷季型草坪和常绿灌木栽植一起，夏季白花繁密而素雅，花期长，远观近观效果皆佳。

叶

花

公园应用

129. 绣球（阴绣球、八仙花、八仙绣球）

拉丁学名：*Hydrangea macrophylla*

科属：虎耳草科绣球属

形态特征：落叶灌木，高可达 4m；小枝皮孔明显；叶大，倒卵形至椭圆形，具粗锯齿；顶生伞房花序近球形，花径可达 15 ~ 20cm，花序基本全为大型不育花组成；花期 6 ~ 7 月。

生态习性：喜温暖湿润气候，耐阴，耐寒性不强，喜肥沃湿润且排水良好的酸性土壤。

园林用途：绣球花色丰富，花大美丽，园林上常成片栽植形成景观或与其他植物搭配，起画龙点睛的作用。

公园应用：绣球极耐阴，将其作为低矮型开花灌木片植于公园东环路树荫下，与山石、草花和常绿灌木搭配，充实了下层园林植物，丰富了园林景观，同时，绣球开花时变幻的花色成为该处一大观赏点。

叶

花

公园应用

公园应用

130. 粉花绣线菊

拉丁学名：*Spiraea japonica* L. f.

科属：蔷薇科绣线菊属

形态特征：直立灌木，高可达 1.5m。叶卵状椭圆形，长 4 ~ 8cm，先端极尖或渐尖，基部楔形，缘有锯齿，背面灰白色，脉上有毛。花粉红色，复伞房花序花序，有柔毛；6 ~ 7 月开花。

叶

生态习性：喜阳光充足环境，耐寒，宜在肥沃湿润的土中生长。

园林用途：其花色妖艳，甚为醒目，且花期正值少花的春末夏初，可作花坛、花境，或植于草坪及园路角隅等处构成夏日佳景，亦可作基础种植。也可成片配置于草坪、路边、花坛、花径，或丛植庭园一隅，亦可作绿篱，盛开时宛若锦带。

花

公园应用：粉花绣线菊片植于公园东柏树林东侧，大面积的栽植使得其在盛花时节形成花海，朵朵红霞，蔚为壮观。

公园应用

131. 土庄绣线菊

拉丁学名： *Spiraea pubescens* Turcz.

科属： 蔷薇科绣线菊属

形态特征： 小枝呈拱形弯曲，幼时常被黄色绒毛。叶片菱状卵形或倒卵形，长2.5～6cm，先端极尖或圆钝有缺刻状粗齿或不明显3裂，叶面暗绿色，被柔毛，脉纹深陷，背面脉纹突起，密被黄色绒毛。花小而白色，伞形花序，具花16～25朵。花期3～5月，果熟期6～10月。

生态习性： 适应性强，栽植范围广，对土壤要求不严，但以深厚、疏松、肥沃的壤土为佳。 喜光，不耐阴。

园林用途： 枝繁叶茂，叶似柳叶，小花密集，花色洁白，花期长，自初夏可至秋初，娇美艳丽，是良好的园林观赏植物和蜜源植物。

公园应用： 土庄绣线菊作为低矮型花灌木，带植于公园南环路，与麻叶绣线菊交错栽植，大大延长了观赏期，每逢花期，远远望去，犹如朵朵白云，非常美丽。

叶

花

公园应用

132. 麻叶绣线菊

拉丁学名： *Spiraea cantoniensis* Lour.

科属： 蔷薇科绣线菊属

形态特征： 落叶灌木，高 1.5m。枝细长拱形。叶菱状椭圆形至菱状披针形，长 3 ~ 5m，缘有缺刻状锯齿，羽状脉，两面无毛，叶背青蓝色，花白色，伞形花序有总梗，花期 4 ~ 5 月，果熟期 10 ~ 11 月。

生态习性： 适应性强，栽植范围广，对土壤要求不严，但以深厚、疏松、肥沃的壤土为佳。 喜光，不耐阴。

园林用途： 麻叶绣线菊花繁密，盛开时枝条全被细小的白花覆盖，形似一条条拱形玉带，洁白可爱，叶清丽。可成片配置于草坪、路边、斜坡、池畔，也可单株或数株点缀花坛。

公园应用： 麻叶绣线菊花色洁白，花朵繁茂，盛开时枝条被细巧的花朵所覆盖，形成一条条拱形花带，十分漂亮。在公园主要丛植于南环路边，其柔美的枝条、洁白的花朵、拱形的花带，成为南环的焦点植物，同时与土庄绣线菊交错种植，大大延长了观赏期。

枝

叶

花

公园应用

133. 棣棠

拉丁学名：*Kerria japonica* (L.) DC.

科属：蔷薇科棣棠属

形态特征：落叶丛生灌木，高可达 2m；小枝光滑，绿色，有棱；单叶互生，叶卵状椭圆形，缘具不规则重锯齿；花单生于侧枝顶端，单瓣，金黄色；瘦果；花期 4 ~ 5 月，果熟期 5 ~ 8 月。

生态习性：喜光，稍耐阴，喜温暖湿润气候，稍耐寒，在沙质壤土中生长良好。

园林用途：棣棠枝繁叶密，花色鲜艳，冬季丛生茎翠绿色，具有较高的观赏价值。园林上常丛植于草坪、庭院中，亦可栽植为绿篱，或与其他植物搭配，极为美观。

常见栽培变种有：重瓣棣棠等。

公园应用：棣棠片植于公园东柏树林、西柏树林、五角亭等处，做花篱和建筑物旁的基础栽植。在西柏树林，棣棠搭配海棠、锦带等开花植物以及沙地柏、海桐等常绿灌木，结合疏林、草地，起到很好的效果；在东柏树林，片植的棣棠形成花海，给人以视觉冲击；在五角亭主要点缀于常绿植物中。

叶

花

花

公园应用

134. 贴梗海棠（皱皮木瓜）

拉丁学名：*Chaenomeles japonica* (Sweet) Nakai

科属：蔷薇科木瓜属

形态特征：落叶丛生灌木。枝直立，纤细，具枝刺。叶椭圆形，先端急尖或钝圆，基部楔形，边缘具尖锯齿；托叶大，肾形或半圆形。花先叶开放，单生或3～5枚簇生。单花具花瓣5枚，红色、白色或淡粉色等；萼筒外面无毛；雄蕊40～50枚；花柱5枚，基部合生处无毛。果实球状，径4.0～5.0cm，表面具较多淡白绿色果点；萼脱落。花期3～5月，果熟期9～10月。

生态习性：喜光，耐寒，忌水湿，在排水良好且深厚肥沃的土壤中生长良好。

园林用途：贴梗海棠花先叶开放，鲜艳美丽，具有较高的观赏价值。园林上常丛植、孤植于花坛、草坪、庭院中，也可作绿篱等。

栽培品种：①‘半重瓣’贴梗海棠单花具花瓣6～9枚，红色；果实球状表面具较多淡白绿色果点。②‘红’贴梗海棠单生或3～5枚簇生，单花具花瓣5枚，亮红色；果实不规则球状，表面淡黄绿色，具较多淡白绿色果点；萼脱落，萼洼明显凹入，具多枚钝棱。

公园应用：贴梗海棠花早春先叶开放，花期长达月余，公园在应用时，或寥寥几株与山石搭配，或成片栽植于小径旁，尽显其花朵鲜艳、娇媚。

‘半重瓣’贴梗海棠花

‘半重瓣’贴梗海棠果

‘红’贴梗海棠花

‘红’贴梗海棠果

公园应用

135. 木瓜海棠（毛叶木瓜）

拉丁学名： *Chaenomeles cathayensis* (Hemsl.) Schneid.

科属： 蔷薇科木瓜属

形态特征： 落叶丛生灌木或小乔木；枝直立粗壮，具枝刺；托叶扇形，小。叶狭椭圆形，稀披针形，革质，表面深绿色，具光泽，边缘具芒状细锯齿；花先叶开放或同时开放，单花具花瓣 5 枚，淡红色或白色；果实短圆柱状，通常中间凹，萼脱落，萼洼及梗洼凹入明显；花期 3 ～ 4 月，果熟期 9 ～ 10 月。

生态习性： 喜光，喜温暖湿润气候，耐寒，忌涝，对土壤适应性强，在肥沃疏松且排水良好的土壤中生长最好。

园林用途： 木瓜海棠繁花似锦，绚丽多姿，果实芳香，是我国重要的观花、观果园林绿化树种。园林上常栽植于庭院、草坪及路边绿化带，可孤植、丛植、列植或做绿篱，也常用于制作盆景。

栽培品种： ‘蜀红’木瓜海棠，花单瓣、红色。

公园应用： 木瓜海棠孤植于海棠筱苑景墙处或制作为盆景，其先花后叶，朵朵红花与白色的景墙相互映衬，红的更加鲜艳。

叶

花

公园应用

136. 日本贴梗海棠（倭海棠）

拉丁学名： *Chaenomeles japonica* (Thunb.) Lindl. ex Spach

科属： 蔷薇科木瓜属

形态特征： 落叶灌木，高不及 1m；枝开展，有刺，小枝紫红色，有毛；叶广卵形至倒卵形，缘具圆钝锯齿，齿尖内倒；花簇生，半重瓣，火焰色或亮橘红色；过黄色，近球形；花期 3 ~ 6 月，果熟期 8 ~ 10 月。

生态习性： 喜光，不耐阴，喜温暖湿润气候，较耐寒，对土壤适应性强。

园林用途： 日本贴梗海棠植株低矮，枝繁叶密，花繁色艳，具有较高的观赏价值。园林上常丛植于花坛、草坪、庭院中，也可作绿篱，极具观赏性。

栽培变种： 匍匐日本贴梗海棠，枝纤细，常匍匐；单花具花瓣 5 枚，鲜红色，具爪；夏花呈总状花序。夏果葫芦状，长 2.0 ~ 2.5cm，基部半球状，向上渐细，淡绿色，外面具多条不规则钝棱，萼宿存，肉质化。

公园应用： 日本贴梗海棠植株低矮，花开繁盛，丛植于沉香园作花篱。

叶

花

果

公园应用

137. 傲大贴梗海棠（华丽木瓜）

拉丁学名： *Chaenimoles* × *superba* Ch. Brickell

科属： 蔷薇科木瓜属

形态特征： 落叶灌木，高 1.5m 左右；叶卵圆形至长圆形，表面绿色，具光泽，先端尖或钝圆，基部楔形，边缘尖锯齿或钝锯齿；花簇生，花先叶开放，单花具 5 ~ 25 花瓣，白色、粉红色、橙色和橙红色等；果实球状，绿色、黄绿色、黄色。

生态习性： 喜光，不耐阴，适应性强。

园林用途： 傲大贴梗海棠花色艳丽，观赏性强。园林上常丛植于草坪、花坛中。

公园应用： 傲大贴梗海棠丛植于海棠筱苑墙隅、东柏树林林缘、西环路小径旁，春可赏花，秋可观果，枝形奇特，是布局园林景观的上好树种。

公园栽植品种：

①‘红宝石’华丽木瓜（长寿冠）。落叶灌木；小枝平展，具枝刺；叶椭圆形至椭圆状披针形，深绿色，先端钝圆或微尖，基部楔形，边缘红褐色，具不整齐的钝锯齿，

花

果

稀重锯齿，齿端具腺体或白色长缘毛；夏花呈总状花序；单花具花瓣12枚，多皱，鲜红色，基部具爪；夏果葫芦状，外面具不规则钝棱。

②‘长寿乐’华丽木瓜（长寿乐）。落叶灌木；小枝紫红色；叶椭圆形，先端钝圆或微尖，基部楔形，边缘具尖锯齿或重锯齿；托叶肾形；花3～5枚簇生，先叶开放。单花具花瓣15～20枚，橙红色、鲜红色；花丝红色；萼宿存或脱落。果实小；萼洼边缘具棱。

花

果

③‘大富贵’华丽木瓜（大富贵）。小枝绿色，密被短柔毛；幼枝红色，被白色被短柔毛。叶宽椭圆形，两面无毛，先端短尖，稀钝圆，基部圆形、宽楔形，边缘具锯齿；叶柄疏被短柔毛；托叶2枚，肾形，基部偏斜。花3～5枚簇生，先叶开放。单花具花瓣25～35枚，绯红色。

叶

花

④‘绿宝石’华丽木瓜（银长寿）。小枝褐色，疏被短柔毛，被白色被短柔毛。叶椭圆形、椭圆状披针形、宽卵圆形、圆形或楔形，先端钝圆或钝尖，基部圆形，边缘具钝锯齿或重锯齿，齿端针状；叶柄细，疏被短柔毛；托叶2枚，近圆状肾形，基部偏斜，先端尖，边缘具尖锯齿。花3～5朵簇生，先叶开放。单花具花瓣（17～）20～25枚，花蕾淡绿色，后绿白色；雄蕊鲜黄色，花丝淡绿色。果实扁球状，小，棱沟深。

花

果

⑤‘猩红与金黄’华丽木瓜（东洋锦）。落叶灌木。小枝紫褐色，无毛；幼枝疏被短柔毛。叶椭圆形，背面沿主脉疏被短柔毛，先端钝圆或钝尖，基部楔形，边缘具钝锯齿或重锯齿，齿端针状；叶柄细，无毛。花3～5朵簇生，先叶开放。单花具花瓣5枚，匙状圆形，白色，微有淡粉白色晕；雄蕊黄色，花丝淡绿色。

叶

花

138. 玫瑰

拉丁学名： *Rosa rugosa* Thunb.

科属： 蔷薇科蔷薇属

形态特征： 落叶灌木，高可达1m；枝密生细刺、刚毛及茸毛；奇数羽状复叶，小叶5～9片，椭圆形，缘具锯齿，背面有毛，具托叶；花单生于叶腋或数朵簇生，紫红色，具浓香；果扁球形，萼片宿存；花期4～5月，果熟期8～9月。

生态习性： 喜光，不耐阴，耐寒，耐旱，忌涝，在肥沃且排水良好的中性或微酸性土壤中生长最好。

园林用途： 玫瑰色艳香浓，娇艳欲滴，极具观赏价值。园林上常丛植于草坪、绿地，亦可栽植为花篱或花镜。

栽培变种： 白玫瑰、红玫瑰、紫玫瑰、重瓣白玫瑰等。

公园应用： 玫瑰片植于沉香园，其浓郁的香味为沉香园增添了香氛植物气息。

叶
花
果
公园应用

139. 黄刺玫

拉丁学名： *Rosa xanthina* Lindl.

科属： 蔷薇科蔷薇属

形态特征： 落叶丛生灌木，高可达3m；小枝褐色，具硬直扁刺；奇数羽状复叶，小叶7～13，叶小，椭圆形，先端钝，缘具钝锯齿；花单生，黄色，重瓣或半重瓣；花期4～5月。

生态习性： 喜光，耐寒，耐干旱贫瘠。

园林用途： 黄刺玫花繁叶密，色彩绚丽，秋季果实鲜艳，是我国北方重要的观花观果植物。园林上常丛植于园路、草坪、庭院及山石一侧等，亦可栽植为带状绿篱。

栽培变种： 单瓣黄刺玫。

公园应用： 黄刺玫黄花绿叶，绚丽多姿，株丛大，花色金黄，花期长，为优秀的庭园观赏植物。黄刺玫片植于公园沉香园入口处，与周边景石相互呼应，起到了障景的作用，同时地面搭配常绿的灌木，春季观花，秋季赏红果，形成了美丽的花篱。

公园应用

叶

花（单瓣）

花（重瓣）

果

140. 单瓣缫丝花

拉丁学名： *Rosa roxburghii* Tratt.f. *normalis* Rehd. et Wils.

科属： 蔷薇科蔷薇属

形态特征： 落叶灌木，高可达 2.5m；小枝圆柱形，斜向上升；小叶椭圆形，9 ~ 15 枚，先端急尖或钝，缘具细锐齿，叶轴疏生小皮刺；花粉红色，单瓣，微芳香，单生或 2 ~ 3 朵生于短枝枝顶，花托、花柄密生针刺；果扁球形，密生针刺；花期 5 ~ 7 月，果熟期 8 ~ 10 月。

花

生态习性： 较耐寒，稍耐阴，对土壤要求不严，但以肥沃的沙壤土为好，喜温暖湿润和阳光充足环境。

园林用途： 单瓣缫丝花花朵秀美，粉红的花瓣中密生一圈金黄色花药，十分别致，黄色刺果颇具野趣，适用于坡地和路边丛植绿化。

公园应用： 单瓣缫丝花作为花篱片植于沉香园游路旁，其花朵秀美，粉红的花瓣中密生一圈金黄色花药，十分别致，黄色刺果颇具野趣，也是刺篱的好材料。

叶　花

果　公园应用

141. 榆叶梅

叶

拉丁学名：*Amygdalus triloda* (Lindl.) Ricker

科属：蔷薇科桃属

形态特征：落叶灌木，高可达 3m；小枝细长；叶椭圆形至倒卵形，先端渐尖或偶有 3 裂，缘具重钝齿；先叶开花，花粉红色，重瓣、半重瓣和单瓣；果近球形，红色；花期 4 ～ 5 月，果熟期 5 ～ 7 月。

生态习性：喜光，稍耐阴，耐寒，忌涝，对土壤适应性强，耐轻度盐碱。

园林用途：榆叶梅枝叶茂密，花繁色艳，是我国北方重要的观花灌木树种。园林上常栽植于绿地、草坪、路边、湖畔、假山旁、庭院中，可孤植、丛植，或与其他植物混合搭配，极具观赏性。

公园应用：榆叶梅列植于公园西环路旁，丛植于南广场，形成了美丽的花篱，下层搭配常春藤或冷季型草坪，花开时节，红花绿叶相互映衬，展现了春光明媚、花团锦簇、欣欣向荣的景象。

花（单瓣）

花（重瓣）

果

公园应用

142. 珍珠梅

叶

拉丁学名：*Sorbaria Sorbifolia* (L.) A Br.

科属：蔷薇科珍珠梅属

形态特征：落叶丛生灌木，高可达 3m；奇数羽状复叶互生，小叶 11 ~ 17 片，长卵状披针形，缘具重锯齿；圆锥花序顶生，花小，密集，白色，花蕾似珍珠；蓇葖果，果梗直立；花期 6 ~ 8 月。

生态习性：喜光，耐阴，喜温暖凉爽气候，耐寒，对土壤适应性强。

园林用途：珍珠梅花色雅致，花蕾洁白如珍珠，极具观赏价值。园林上常丛植于草坪边缘、园路路口，庭院中，也可做绿篱，均有较高的观赏性。

公园应用：珍珠梅片植于木兰园、西草坪等处，作为低矮型花灌木，其株丛丰满，枝叶清秀，盛夏开出清雅的白花而且花期很长，配合龙柏、玉兰等小乔木栽植，高低错落，增加了景观的饱和度。

花

花（未绽放）

果

公园应用

143. 北美风箱果

拉丁学名：*Physocarpus opulifolius* Maxim.

科属：蔷薇科风箱果属

形态特征：落叶灌木，高可达3m；叶互生，三角状卵形至广卵形，基部广楔形，3～5浅裂，缘有重锯齿；花白色，花梗及花萼外无毛；蓇葖果红色，无毛；花期6月。

生态习性：喜光，耐寒，耐贫瘠。

园林用途：北美风箱果叶、花、果皆美，观赏价值极高，宜栽植于庭院进行观赏。园林上也可孤植、丛植和带植，也可作背景种植。

变种及栽培变种：金叶风箱果、红叶风箱果、矮生风箱果、矮生金叶风箱果等。

公园应用：红叶风箱果片植于北伐将士纪念碑西、海棠筱苑，利用其彩色叶片与周围常绿植物相搭配，增加了色彩，丰富了园林景观；金叶风箱果丛植于海棠筱苑游路旁，搭配常绿大灌木，色彩艳丽，层次分明。

叶

公园应用

枝条

144. 平枝栒子

拉丁学名： *Cotoneaster horizontalis* Decne.

科属： 蔷薇科栒子属

形态特征： 落叶或半常绿匍匐灌木；枝水平开张或整齐两列状茎不规则分枝；叶近圆形或倒卵形，先端圆或稍急尖，全缘；花粉红色；果实鲜红色；花期5～6月，果熟期10月。

生态习性： 喜光，耐寒，耐干旱贫瘠，适应性强。

园林用途： 平枝栒子枝叶横展，叶小稠密，秋季叶色鲜艳，红果累累，甚为美观。园林上常栽植于岩石园、假山旁、庭院、绿地，亦可作基础种植或做盆景。

公园应用： 平枝栒子片植于棕榈园入口处，与景石相配。其枝叶横展，叶小而稠密，春夏叶浓绿发亮，晚秋叶色变红，开花时粉红色的小花星星点点嵌在其中，秋季可观红果，与景石搭配非常适宜。

叶

花

果

公园应用

145. 紫荆

拉丁学名：*Cercis chinensis* Bunge

科属：豆科紫荆属

形态特征：落叶灌木或小乔木，高可达4m；单叶互生，心形，全缘，光滑无毛；花紫红色，叶前开花，假蝶形，5～8朵簇生于老枝和茎干上；荚果腹缝具窄翅；花期4月，果熟期9～10月。

生态习性：喜光，较耐寒，耐干旱贫瘠，忌水湿，喜湿润肥沃土壤。

园林用途：紫荆满树紫红，鲜艳夺目，春日繁花簇生枝间，为良好的庭院观花树种。园林上常丛植于草坪、庭院、屋旁、街边，观赏效果极佳。

公园应用：紫荆主要片植于南广场西侧和木兰园西侧，片植的紫荆与常绿树配合种植，春花秋景红绿相映，相得益彰。

叶

花

果

公园应用

146. 锦鸡儿

果

拉丁学名： *Caragana sinica* (Buc' hoz) Rehd.

科属： 豆科锦鸡儿属

形态特征： 灌木，高1～2米。树皮深褐色；小枝有棱，无毛。托叶三角形，硬化成针刺，长5～7mm；叶轴脱落或硬化成针刺，针刺长7～15（25）mm；小叶2对，羽状，有时假掌状，上部1对常较下部的为大，厚革质或硬纸质，倒卵形或长圆状倒卵形，先端圆形或微缺，具刺尖或无刺尖，基部楔形或宽楔形，上面深绿色，下面淡绿色。花单生，萼钟状，基部偏斜；花冠黄色，常带红色。荚果圆筒状。花期4～5月，果期7月。

生态习性： 喜光，喜温暖湿润气候，不耐寒。

园林用途： 锦鸡儿花色鲜艳，常作假山、草坪、河畔的点缀树种，也可作庭园观赏树种及观花刺篱、盆景材料。

公园应用： 锦鸡儿花色鲜黄，极为美丽。锦鸡儿栽植于碧沙岗公园陶然山西侧，搭配中型灌木八角金盘、紫薇等，较好的延长了该处的观赏期，形成了红花、黄花次第开放的园林景观。

147. 紫薇

拉丁学名：*Lagerstroemia indica* L.

科属：千屈菜科紫薇属

形态特征：落叶灌木或小乔木，高可达 6m ；树皮脱落后光滑；枝四棱；叶全缘近无柄；花顶生圆锥花序，亮粉色至紫红色，花期长；花期 7 ～ 9 月，果熟期 10 ～ 11 月。

生态习性：喜光，耐寒，对土壤适应性强；耐干旱贫瘠。

园林用途：紫薇茎光洁，花期较长，花色鲜艳，是我国重要的园林绿化树种。园林上常孤植或丛植于绿地、草坪中，也可配置于道路中间花坛，极具观赏性。

常见栽培品种：银薇、粉薇、红薇等。

公园应用：紫薇孤植于南广场，片植于棕榈园等处。在南广场，孤植的紫薇周围配以冷季型草坪和常绿灌木，夏季开花时，远观即可欣赏到婀娜多姿的紫薇，冬季落叶时也不显得萧条。片植时作花篱使用，丰富景观层次，起到分割空间的作用。

叶

花

果

公园应用

148. 结香

拉丁学名：*Edgeworthia chrysantha* Lindl.

科属：瑞香科结香属

形态特征：落叶灌木，高可达 2m；枝条粗壮柔软，常三叉分枝，叶痕明显；叶常集生枝端，互生，椭圆状倒披针形，全缘；头状花序顶生或侧生，腋生于枝端，花黄色或橙黄色，花被筒状，具香味；花期 3 ~ 4 月。

生态习性：喜半阴和湿润气候，耐湿，不耐寒。

园林用途：结香姿态优雅，先叶后花，花香而美丽，是我国优良的春花树种。园林上常丛植或列植于亭前、墙角、路边等，观赏效果好。

公园应用：结香片植于南广场、沉香园草坪地内，春季团团黄色花序独放枝头，绿草地和黄色花序相互呼应，甚是漂亮。未长叶时，可利用其枝条的柔软性将其枝条打成结，非常别致。

叶　花　花　公园应用

149. 红瑞木

拉丁学名：*Cornus alba* L.

科属：山茱萸科梾木属

形态特征：落叶灌木，高可达 3m；茎直立，丛生，枝条鲜红色；单叶对生，卵形或椭圆形，全缘；花小，黄白色；核果，白色或略带蓝色；花期 6 ~ 7 月，果熟期 8 ~ 10 月。

生态习性：喜光，耐半阴，对气候适应性强，不择土壤，耐干旱，耐水湿。

园林用途：红瑞木枝条鲜红，观赏价值较高。园林上常丛植于绿地、草坪、庭院中，也可栽植于河边、溪旁做护岸绿化树种。

常见栽培品种：红衣主教、芽黄、贝蕾等。

公园应用：红瑞木片植于南草坪，冬季，红色的茎和冬季黄色的马尼拉草坪相互映衬，更显得红色热烈、黄色喜人。

叶

花

果

公园应用

150. 山茱萸

拉丁学名： *Cornus officinalis* Sieb. et Zucc

科属： 山茱萸科山茱萸属

形态特征： 落叶灌木或小乔木，高可达 10m；树皮灰褐色，片状剥落；单叶对生，卵状椭圆形，全缘，侧脉 6 ~ 8 对，弧形；伞形花序，花小，鲜黄色，总苞黄绿色，花瓣舌状披针形；核果椭圆形，红色至紫红色；花期 3 ~ 4 月，果熟期 8 ~ 9 月。

生态习性： 喜光，稍耐阴，耐寒，较耐旱，在肥沃湿润适中的土壤中生长较好。

园林用途： 山茱萸枝头小花金黄，秋季红果累累，极为美观。园林上常孤植或散植于草坪、绿地、园路、庭院中作观赏树。

公园应用： 山茱萸孤植于海棠筱苑和沉香园，其先开花后萌叶，秋季红果累累，绯红欲滴，艳丽悦目，周围配以景石和常绿灌木，早春欣赏其黄色花苞，入秋欣赏其果实红透，观赏效果极佳。

叶

花

果

公园应用

151. 山麻杆

拉丁学名：*Alchornea davidii* Franch.

科属：大戟科山麻杆属

形态特征：落叶丛生灌木，株高可达2m；茎直立而少分枝，紫红色，有绒毛；单叶，互生，广卵形，缘有锯齿，基部心形；花单性同株，无花瓣；花期3～5月。

生态习性：喜光，较耐寒，喜温暖湿润气候。

园林用途：山麻杆叶色亮丽，早春嫩叶及秋叶紫红色，其他时间红褐色。园林中多用作绿地及庭院观赏用。

公园应用：山麻杆栽植于月季种植中心北侧。

叶

果

花

花序

152. 一叶荻（叶底珠）

拉丁学名： *Flueggea suffruticosa* (Pall.) Baill.

科属： 大戟科白饭树属

形态特征： 落叶灌木，株高可达3m；多分枝，小枝浅绿色；单叶，互生，椭圆形，近全缘，叶柄短；花单性，雄花腋生，雌花单生，花小，无花瓣，花萼5，黄绿色；蒴果扁球形，3瓣开裂；花期3～8月，果熟期6～11月。

生态习性： 喜光，耐寒，耐干旱贫瘠，适应性强。

园林用途： 叶底珠树形美观，花果密集，叶色靓丽，有一定的观赏价值。园林中常配置于山坡、湖畔、草坪、路边等，也可庭院栽培。

公园应用： 叶底珠片植于棕榈园北部草坪内，其枝叶繁茂，花果密集，花色黄绿，叶入秋变红，极为美观。

叶

花

果

公园应用

153. 算盘子

拉丁学名： *Glochidion puberum* (L.) Hutch.

科属： 大戟科算盘子属

形态特征： 落叶灌木，高可 1 ~ 2m；多分枝，小枝灰褐色；叶长卵形，表面灰绿色，叶脉明显，具托叶，托叶三角形；长达 1m，花小，2 ~ 5 朵簇生于叶腋内，雌雄同株或异株；蒴果扁球形，有纵沟，成熟时带红色，外面有绒毛；花期 5 ~ 6 月，果熟期 8 ~ 9 月。

生态习性： 常生长在山坡灌丛中。

园林用途： 算盘子果实如算盘，罕见稀有，也可用作园林观赏植物。园林上常与乔木和灌木搭配，形成高低错落的园林景观。

公园应用： 算盘子孤植于沉香园游路旁，周围配以常绿的柏类，秋季红果与绿叶相配，相得益彰。

叶

花

果

公园应用

154. 海州常山

拉丁学名： *Clerodendrum trichotomum* Thunb.

科属： 马鞭草大青属

形态特征： 落叶灌木或小乔木，高可达6（8）m；老枝灰白色，幼枝有柔毛；单叶对生，卵形，近全缘，背面有毛，具臭味；聚伞花序生于枝端叶腋，花冠白色至粉红色，雄蕊较长；核果蓝紫色，下有大型红色宿存萼片；花期7～8月，果熟期9～11月。

生态习性： 喜光，稍耐阴，喜温暖湿润气候，较耐寒，忌涝，对土壤适应性强。

园林用途： 海州常山叶大花密，果实奇特，经久不落，是我国北方夏季优良的观花观果树种。园林上常栽植于建筑物旁、草坪、林缘及假山一侧，多孤植、对植。

公园应用： 海州常山丛植于月季种植中心阳光充足的五角亭旁，其不仅株型开展，花期长，而且花后有鲜红的宿存萼片，再配以蓝果，孤植于此，很是悦目。

叶

花

果

公园应用

155. 臭牡丹

花

拉丁学名： *Clerodendrum bungei* Steud.

科属： 马鞭草科大青属

形态特征： 落叶灌木，高可达 2m。叶具有强烈臭味，对生，广卵形至卵形，长 10 ~ 20cm，基部心形，缘有粗齿，有毛。花玫红色，花冠筒细长，花萼短小，花柱不超出雄蕊；顶生头状聚伞花序，径 10 ~ 20mm。花期 6 ~ 11 月。

生态习性： 喜阳光充足和湿润环境，适应性强，耐寒耐旱，也较耐阴，宜在肥沃、疏松的腐叶土中生长。生于山坡、林缘或沟旁。

园林用途： 叶色浓绿，顶生紧密头状红花，花朵优美，花期亦长，是一种非常美丽的园林花卉。适宜栽植于坡地、林下或树丛旁，也可作地被植物。适应性非常强，抗逆性强，对水肥要求不严，管理粗放，非常符合当前城市建设应用节约型园林植物的要求。

公园应用： 臭牡丹的叶片茂盛绿密，花朵形状优美，花期也长，且可以保护坡地和水土，是很好的水土保持植物。碧沙岗公园的臭牡丹栽植于公园郁闭的樱花林下，每年春季开花，花期持续至 11 月，花大色艳，既美化了环境，又解决了树荫区域的黄土裸露问题，可谓一举多得。

公园应用

156. 大叶醉鱼草

拉丁学名：*Buddleja davidii* Franch.

科属：马钱科醉鱼草属

形态特征：落叶灌木，高可达3m；小枝外展下弯，呈4棱形；叶对生，长卵状披针形，缘有细齿，叶背面密生星状毛；圆锥花序顶生，狭长，花冠筒直，有紫色、紫红色、白色等，具芳香；花期6～9月，果熟期9～12月。

生态习性：喜光，稍耐阴，较耐寒，喜温暖气候。

园林用途：大叶醉鱼草枝叶茂密，花色丰富，具有较高的观赏价值。园林上常栽植于庭院、河畔、林缘等，多丛植、片植。

公园应用：大叶醉鱼草在园林绿化中可用作坡地、墙隅绿化美化，装点山石、庭院、道路、花坛，碧沙岗公园将大叶醉鱼草片植于棕榈园水池边，沿路栽植的醉鱼草起到了较好的障景作用，花开时节，成串的花序形成了美丽的花篱，分割了空间。

叶

花

果

公园应用

157. 紫丁香（丁香、华北紫丁香）

拉丁学名： *Syringa oblata* Lindl.

科属： 木犀科丁香属

形态特征： 落叶灌木或小乔木，高可达 5m；小枝粗壮；单叶对生，广卵形，先端渐尖，基部近心形，全缘；圆锥花序密集，花冠堇紫色，花筒细长；蒴果长卵形，顶端尖；花期 4 ～ 5 月，果熟期 8 ～ 10 月。

生态习性： 喜光，稍耐阴，耐寒，耐干旱，忌涝。

园林用途： 紫丁香树形丰满，花序大而鲜艳，芳香馥郁，享有“花中君子”的美称。园林上常栽植于房前屋后、草坪、园路边缘等处，常孤植、列植、丛植。

公园应用： 紫丁香春季盛开时硕大而艳丽的花序布满全株，芳香四溢，观赏效果甚佳。紫丁香片植于公园南广场西侧，大面积栽植既起到了障景的作用，遮挡了西侧墙体，又巧妙地划分了大草坪的空间布局，形成了花的海洋。

158. 金钟花

拉丁学名： *Forsythia viridissima* Lindl.

科属： 木犀科连翘属

形态特征： 落叶灌木，高可达 3m；枝棕褐色，直立性强，小枝四棱形，具片状髓；单叶对生，长椭圆形至披针形，全缘或有锯齿；花先叶开放，腋生，金黄色，形如钟状；蒴果卵球形；基部稍圆，先端喙状渐尖，花期 3 ～ 4 月，果熟期 8 ～ 11 月。

公园应用

生态习性： 喜光，耐半阴，喜温暖湿润气候，耐寒，对土壤适应性强。

园林用途： 金钟花枝条开展，花色鲜艳，是重要的园林观花树种。园林上常栽植于草坪、假山旁、角隅，或栽植于路边、阶旁等，多丛植、混植。

公园应用： 金钟花栽植于棕榈园、沉香园等处，利用片植的形式，创造了野趣，营造了春季花团锦簇的繁盛景观。

叶
花
果
公园应用

159. 连翘

拉丁学名：*Forsythia suspense* (Thunb.) Vahl

科属：木犀科连翘属

形态特征：落叶灌木，高可达 3m；枝细长，开展式下垂，常呈拱形，节间中空，皮孔多而显著；单叶或 3 小叶，对生，卵形或卵状椭圆形，缘具粗锯齿；花单生或簇生，亮黄色；蒴果卵球形；先端喙状渐尖，花期 3 ～ 4 月，果熟期 8 ～ 9 月。

生态习性：喜光，耐半阴，喜温暖湿润气候，耐寒，耐干旱，忌涝，对土壤要求不严，在钙质壤土中生长最好。

园林用途：连翘花先叶开放，枝繁花密，满枝金黄，在我国北方具有很高的观赏价值。园林上宜栽植于住宅、亭旁、墙隅及路边；常与常绿树种搭配栽植，景观效果佳。

公园应用：连翘枝条优美，花先叶开放，花开时节，满树金花，非常美丽。在公园主要丛植于沉香园、南广场等处，花开时节，满树金黄，形成了强烈的视觉震撼，飘逸的枝条既遮挡住了栏杆的生硬，又起到了较好的障景效果。

叶

花

果

公园应用

160. 迎春花

拉丁学名： *Jasminum nudiflorum* Lindl.

科属： 木犀科素馨属

形态特征： 落叶灌木，高可达 3（5）m；枝直立至顶部下垂弯曲成拱形，小枝绿色，4 棱形；三出复叶对生，小叶卵状椭圆形，缘具短刺毛；花先叶开放，单生，花冠 6 裂，黄色；花期 2 ~ 4 月。

生态习性： 喜光，稍耐阴，喜温暖气候，耐寒，忌涝，对土壤适应性强。

园林用途： 迎春花早春开花，先叶开放，株型疏散，花色金黄，在我国北方具有极高的观赏价值。园林上常丛植于草坪旁、山坡、假山旁、湖畔等处，也可栽植成绿篱，均可获得理想的园林观赏效果。

公园应用： 迎春枝条披垂，冬末至早春先花后叶，花色金黄，叶丛翠绿。在公园主要栽植于沉香园入口处、牡丹山及棕榈园山体上，搭配景石，柔美的枝条遮挡了山体的生硬，使山体更加饱满、自然。

公园应用

叶

花

161. 绣球荚蒾（木绣球）

拉丁学名：*Viburnum macrocephalum* Fort.

科属：忍冬科荚蒾属

形态特征：落叶灌木，高可达 4m；裸芽，幼枝及叶背密被星状毛；叶卵状或卵状椭圆形，先端钝圆，缘有齿牙状细齿；花序几乎全为大型白色不育花，径 15 ~ 20cm；花期 4 月。

生态习性：喜光，略耐阴，耐寒，在湿润肥沃的土壤中生长良好。

园林用途：木本绣球树姿舒展，开花时白花满树，犹如积雪压枝，十分美观。宜植于庭院中，也可丛植于路旁林缘等处。

公园应用：木本绣球丛植于南草坪中部，搭配常绿大灌木，花开时节红绿相映成趣，非常美丽。

叶

叶

花

公园应用

162. 琼花（扬州琼花）

拉丁学名： *Viburnum macrocephalum* Fort. f. keteleeri (Carr.) Rehd.

科属： 忍冬科荚蒾属

形态特征： 落叶灌木，高可达 4m；裸芽，幼枝及叶背密被星状毛；叶卵状椭圆形，先端钝，缘具细齿；聚伞花序集生成伞房状，中央为两性的可育花，边缘为大形白色不育花；核果椭球形；花期 4 月，果熟期 9 ~ 10 月。

生态习性： 喜光，稍耐阴，较耐寒。

园林用途： 琼花花序硕大，花色素雅，极为美观，是我国传统名贵园林树种。园林上常孤植或丛植于草坪、园路、山石一侧、庭院角落等，极具观赏性。

公园应用： 琼花的四周有八朵萼片发育而成的不孕花，花冠为白色，清香淡雅，极具观赏价值。公园以孤植的方式栽植于沉香园、以列植的方式栽植于木兰园的小路旁，花开时节，形成了如雪般美丽的花篱。

叶

花

果

163. 接骨木

拉丁学名：*Sambucus williamsii* Hance.

科属：忍冬科接骨木属

花

形态特征：落叶灌木或小乔木，高可达 8m；小枝密生皮孔，具显著突起，髓部淡黄褐色；羽状复叶对生，小叶 5 ~ 11 片，卵形或长椭圆状披针形，缘具细锯齿，叶碎后具臭味；圆锥形聚伞花序顶生，花小，白色至淡黄色；核果圆形，红色或蓝紫色；花期 4 ~ 5 月，果熟期 7 ~ 9 月。

生态习性：喜光，稍耐阴，耐寒，耐旱，忌涝，对土壤适应性强。

园林用途：接骨木枝繁叶茂，春季白花满树，秋季红果累累，且经久不落，园林上常栽植于绿地、庭院中作观赏树，也可植于草坪、园路、河畔等处。萌蘖性强，生长旺盛，也可用作花果篱。

公园应用：接骨木以孤植的方式栽植于公园东柏树林。

叶

果

公园应用

164. 锦带花

公园应用

拉丁学名： *Weigela florida* (Bunge) A. DC.

科属： 忍冬科锦带花属

形态特征： 落叶灌木，高可达 3m；小枝具 2 行柔毛；叶卵状椭圆形，缘聚锯齿；3 ~ 4 朵组成聚伞花序，花冠漏斗形，玫瑰红色，顶端 5 裂；蒴果柱状；花期 4 ~ 5 月。

生态习性： 喜光，耐半阴，耐寒，耐干旱贫瘠，忌涝，抗污染性强。

园林用途： 锦带花枝繁叶茂，花密色艳，是我国北方重要的观花树种。园林上常丛植于湖畔、山石周围、林缘及庭院角落，观赏效果极佳。

变种及栽培变种：白花锦带花、红花锦带花、金叶锦带花、紫叶锦带花、斑叶锦带花等。

公园应用： 锦带花分布于北伐将士纪念碑西侧和南广场等处，其春季开花繁盛，主要将其作为花篱使用。北伐将士纪念碑西侧主要采取列植的栽植方式栽植于游路旁，形成花篱，较好地起到了障景的作用；南广场的锦带花作为中层大灌木，搭配常绿植物法青和下层的沙地柏以及观赏草，使得景观层次更加鲜明。

叶

花

果

公园应用

165. 猬实

拉丁学名：*Kolkwitzia amabilis* Graebn.

科属：忍冬科猬实属

形态特征：落叶灌木，高可达3m；枝干丛生，树皮薄片状剥落；单叶对生，叶卵状椭圆形，基部圆形，先端渐尖近全缘，两面有毛；花成对生于枝顶，粉红色或紫色；核果卵形，2个合生，密生针刺，形似刺猬；花期5～6月，果熟期8～9月。

生态习性：喜光，稍耐阴，较耐寒，在排水良好的土壤中生长最好。

园林用途：猬实树形美观，花繁密而美丽，果形奇特，是重要的园林观花观果树种。园林上常丛植于草坪、山石旁、园路、湖畔、庭院中。

公园应用：猬实位于公园南草坪西侧、牡丹山等处。在牡丹山采用丛植的方式，以常绿大灌木石楠为背景，以凤尾兰为下层植物，使得整个景观更加饱满；在南草坪西侧和博物院东侧采用孤植的形式，因其开花期正值初夏百花凋谢之时，非常难得，花开时节，形成花墙，与周围常绿植物相互呼应，初秋亦可观果。

叶 花 果 公园应用

166. 红雪果

拉丁学名：*Symphoricarpus orbiculatus* Moench.

科属：忍冬科毛核木属

形态特征：落叶灌木，高可达2m；小枝皮条状剥落；叶对生，椭圆形至卵形；花6～9朵簇生于叶腋，花白色；果红色或桃红色；花期7～9月，果熟期10～12月。

生态习性：耐寒，耐干旱贫瘠和石灰性土壤，对土壤适应性强。

园林用途：红雪果果实成串下垂，果色艳丽，经久不落，是优良的园林观果树种。园林上可栽植于庭院观赏，亦可栽植为绿篱，常片植。

公园应用：红雪果栽植于沉香园西侧路缘，作为低矮型灌木，其飘逸的枝条，遮挡了路侧石的生硬，使得整体景观更加自然、柔和，冬季宿存的红色果实，也为萧条的冬季增加了新的亮点。

叶

花

果

公园应用

167. 金银木（金银忍冬）

拉丁学名： *Lonicera maackii* (Rupr.) Maxim.

科属： 忍冬科忍冬属

形态特征： 落叶灌木或小乔木，高可达6m；小枝有髓，后变中空；叶卵形椭圆形或卵状披针形，两面疏生柔毛；花成对腋生，苞片条形，花冠二唇形，白色，后变黄色；浆果熟时红色；花期5～6月，果熟期9～10月。

生态习性： 喜光，耐半阴，耐寒，耐旱，管理简单。

园林用途： 金银木枝叶繁茂，初夏开花，芳香，先白后黄，黄白相映、秋季红果满枝，晶莹可爱，是良好的观花观果树种。园林上常丛植于草坪、山坡、林缘、路边或点缀于建筑周围，观花赏果两相宜。

公园应用： 金银木枝条繁茂、叶色深绿、果实鲜红，观赏效果颇佳，其花果并美，具有较高的观赏价值。公园的金银木栽于西门、南草坪等处，其作为中层大型灌木，下层栽植常绿的黄杨、麦冬，使得整个景观更加饱满。

叶

花

果

公园应用

第三篇　藤本

一、常绿藤本

168. 扶芳藤

公园应用

拉丁学名：*Euonymus fortunei* (Turcz.) Hand.-Mazz.

科属：卫矛科卫矛属

形态特征：常绿藤本灌木，高 1m ~ 数米；小枝具不明显方棱；叶革质，椭圆形，边缘具钝锯齿；聚伞花序，花密集成团，花白绿色；蒴果，粉红色，近球形；花期 6 月，果熟期 10 月。

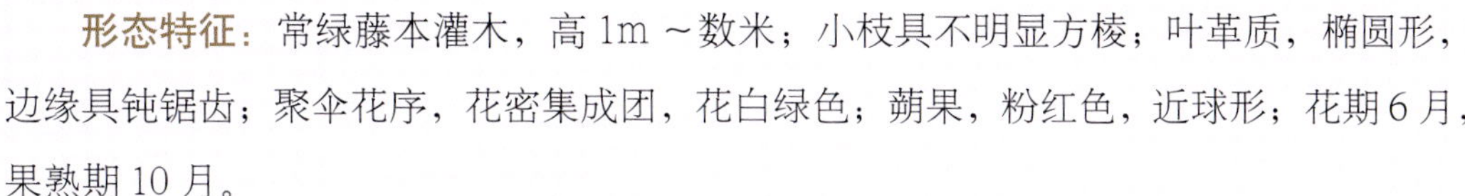

生态习性：喜光，耐阴，喜温暖、湿润环境，适于疏松、肥沃的沙壤土生长，适生温度为 15 ~ 30℃。

园林用途：扶芳藤攀缘能力强，冬季叶色鲜艳，是良好的覆盖绿化观叶植物。园林上常用于掩盖墙面、山石，或攀缘在花格之上，形成一个垂直绿色屏障。

公园应用：扶芳藤栽植于公园东环路、南草坪、陶然山处、其管理粗放，生长迅速，能够较快覆盖地面，消除黄土裸露；利用其攀爬性，在公园的东柏树林处使其攀爬于已经干枯的树干上，营造枯木逢春的意境。

叶

果

169. 胶州卫矛（胶东卫矛）

拉丁学名： *Euonymus kiautschovicus* Loes.

科属： 卫矛科卫矛属

形态特征： 蔓性半常绿灌木，高可达 8m；基部枝匍地生根；叶片近纸质，倒卵形至椭圆形，基部楔形，边缘具锯齿；疏散聚伞花序，花淡绿色；蒴果扁球形，四纵裂，有浅沟；花期 8 月，果熟期 11 月。

生态习性： 喜光，喜欢温暖气候，喜欢略微湿润或干燥的气候环境。

园林用途： 胶东卫矛叶色亮丽，果裂亦红，是重要的园林观赏花木。园林上常攀缘于老树旁、岩石边及墙垣边。

公园应用： 胶东卫矛在园林中多用做绿篱和增界树，是绿篱、绿球、绿床、绿色模块、模纹造型等平面绿化的首选常绿树种。公园栽植于东环路沿路，略加修剪后自然成形，起到了较好的障景和空间分割的作用，其成熟的红色果实也格外漂亮。

叶

果实

公园应用

170. 洋常春藤

拉丁学名： *Hedera helix* L.

科属： 五加科常春藤属

形态特征： 常绿藤本，茎蔓长达30m；枝蔓柔软，具气生根，幼枝具星状毛；单叶互生，全缘，叶二型，营养枝上的叶3～5浅裂，花果枝上叶为全缘菱状卵形；伞形花序，花小，浅黄色；核果球形，黑色；花期9～11月，果熟期翌年4～5月。

叶

生态习性： 耐阴，较耐寒，喜湿，忌烟碱，在碧沙岗公园能够正常越冬。

园林用途： 洋常春藤四季常绿，枝叶稠密，攀缘能力强。园林上常用于建筑物、墙垣、假山的垂直绿化，也可作盆栽用。

公园应用： 洋常春藤覆盖于地表，可防止水土流失，能吸附尘土，净化空气，其栽植于西环路、东环路、牡丹园、海棠筱苑的山坡林地处，其超强的耐阴性和蔓延性，可迅速铺满整个地面，消除黄土裸露，降低管养成本。

公园应用

171. 蔓长春花（长春蔓）

拉丁学名： *Vinca major* L.

科属： 夹竹桃科蔓长春属

形态特征： 常绿蔓性灌木；单叶对生，卵形，全缘，先端钝，叶柄较长，叶缘有毛；花单生于叶腋，萼5片，花冠紫蓝色，漏斗状；蓇葖果双生，直立；花期5～7月。

生态习性： 喜光，耐半阴，较耐寒，喜温暖湿润气候，在深厚肥沃湿润的土壤中生长良好，在碧沙岗公园能够正常越冬。

园林用途： 蔓长春花四季常绿，花色绚丽，有着较高的观赏价值。园林上是良好的地面覆盖和观赏植物。

公园应用： 蔓长春花有很强的耐阴能力和攀爬能力，能够迅速覆盖地面，在密林下生长良好，公园在海棠品种园内栽植蔓长春花取代草坪，不仅增加了该区域的景观效果，而且有效地节省了管理成本、延长了保绿时间。

叶

花

公园应用

二、落叶藤本

172. 藤本月季

藤本月季是现代月季七大系统之一，是经过杂交、改良后形成的，其枝条长，蔓性或攀援。

叶

花

公园应用

公园应用

173. 木香花

拉丁学名：*Rosa banksiae* Ait.

科属：蔷薇科蔷薇属

形态特征：落叶或半常绿攀缘灌木，高可达6m；枝条细长，绿色，刺少；小叶3～5片，长椭圆状披针形，缘有锯齿，具托叶；伞形花序，花单瓣或重瓣，白色或淡黄色，具芳香；果近球形，红色；花期5～7月。

生态习性：喜光，耐阴，稍耐寒，喜温暖湿润和阳光充足的环境，在疏松肥沃、排水良好的土壤中生长好。

园林用途：木香花色素雅，花开时散发出浓郁芳香，令人回味无穷，是中国传统花卉。在园林上可攀缘于棚架、凉廊等，也可作为垂直绿化材料，攀缘于墙垣或花篱。

常见变种及栽培变种：单瓣白木香、重瓣白木香、单瓣黄木香、重瓣黄木香。

公园应用：木香栽植于棕榈园的廊架处，其缠绕攀附而上，繁花满篱，花、叶、篱栏相互掩映，虚实相间，颇具风情，起到了较好的分隔空间和绿色屏障的作用。

叶
黄色重瓣花
白色重瓣花
白色单瓣花

果

公园应用

174. 紫藤

拉丁学名：*Wisteria sinensis* (Sims) Sweet

科属：豆科紫藤属

形态特征：落叶藤木，高可达 30m；枝淡褐色；奇数羽状复叶，互生，小叶 7 ～ 13 片，卵状长椭圆形至卵状披针形；总状花序侧生，花蝶形，蓝紫色，具芳香；荚果长条形，具黄色绒毛；花期 4 ～ 5 月，果熟期 9 月。

果

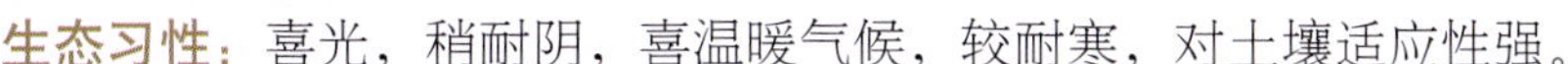

生态习性：喜光，稍耐阴，喜温暖气候，较耐寒，对土壤适应性强。

园林用途：紫藤茎干缠绕如龙腾虎跃，花序下垂美观，花色艳丽，佳果累累，极为美观。园林中多用于廊架、凉亭垂直绿化。

公园应用：紫藤栽植于牡丹园中心区域，其攀爬于藤架上，春夏之际，花开时节，香气扑鼻，与周围各色牡丹相互辉映，紫藤春夏观紫花，秋季赏荚果，深受市民群众喜爱。

叶

花

公园应用

175. 南蛇藤

拉丁学名：*Celastrus orbiculatus* Thunb.

科属：卫矛科南蛇藤属

形态特征：落叶藤本，茎蔓长达 6m；小枝光滑无毛，髓心白色；单叶互生，卵圆形或倒卵形，缘具疏锯齿，秋后变红色；花单性或杂性，花小，黄绿色；蒴果近球形，棕黄色；花期 5 月，果熟期 9 ~ 10 月。

生态习性：喜光，耐半阴，耐寒，耐干旱贫瘠，适应性强。

园林用途：南蛇藤秋叶红艳，蒴果鲜黄，极为美观。园林上常用作廊架、假山、岩壁等的垂直绿化材料，也可栽植于林边、湖边等处。

公园应用：南蛇藤作为棚架、墙垣植物栽植于公园南草坪山脚下，其飘逸的枝条软化了硬质的路边侧石，更显得山体丰厚、自然，其秋季叶片经霜变红或黄，蒴果裂开露出鲜红的假种皮，别致优美。

叶

花

果

公园应用

176. 五叶地锦（五叶爬山虎）

拉丁学名：*Parthenocissus quinquefolia* (L.) Planch.

科属：葡萄科地锦属

形态特征：落叶藤本，长可达 20m；植株无毛，卷须具分枝，能附着在岩石或墙壁上；掌状复叶，小叶 5，卵状椭圆形，缘有粗齿，背面苍白色；聚伞花序组成圆锥花序；浆果球形；花期 6 ～ 8 月，果熟期 9 ～ 10 月。

生态习性：喜光，稍耐阴，攀缘能力强，喜湿润肥沃土壤。

园林用途：五叶地锦攀缘能力强，入秋叶色变红，极为漂亮。在园林上常用于垂直绿化及地面覆盖材料。

公园应用：五叶地锦攀缘能力较强，公园将其栽植于建筑、廊架周边进行立体绿化，其生长迅速，能够较快地覆盖于建筑表面，春夏形成整面绿墙，秋季叶色变红，与周边常绿植物搭配，红绿分明。

叶

花

果

公园应用

177. 凌霄

拉丁学名： *Campsis grandiflora* (Thunb.) Schum.

科属： 紫葳科凌霄属

形态特征： 落叶藤本，茎蔓长可达 9m；树皮灰褐色，借助其生根攀缘；奇数羽状复叶对生，小叶 7 ~ 9 枚，卵形至卵状披针形，缘有锯齿；圆锥花序顶生，花大，漏斗状，橙红色，具香味；蒴果细长；花期 5 ~ 8 月，果熟期 10 月。

生态习性： 喜光，稍耐阴，较耐寒，对土壤适应性强。

园林用途： 凌霄虬曲多姿，花大色艳，朝开暮谢，花期甚长，是夏季重要的观花植物，也是重要的园林垂直绿化材料。园林上常用作廊架、山石、花门的垂直绿化。

公园应用： 凌霄栽植于月季种植中心廊架处，其生长迅速，初夏开花，红花绿叶，与月季交相呼应，是夏季一道亮丽的景观。

叶

花

果

公园应用

第四篇　竹类

178. 桂竹

拉丁学名：*phyllostachys bambusoides* Sieb.et Zucc.

科属：禾本科刚竹属

形态特征：竿高可达20m，径可达15cm；竿基本无毛；节间长达40cm；节有两个明显的环，幼竿呈粉绿色，后变深绿，老竿棕绿色，竿质坚硬；小枝具叶3～6片，背面有毛。

生态习性：喜光，能耐-18℃低温，耐盐碱，喜温暖湿润气候，在深厚肥沃土壤中生长良好。

园林用途：桂竹高大挺拔，适应性强。园林上常群植、片植形成竹景，也可与景墙、景石搭配，营造朴实雅致的园林景观。

公园应用：桂竹栽植于公园沉香园。

公园应用

179. 淡竹

拉丁学名：*Phyllostachys glauca* McCl.

科属：禾本科刚竹属

形态特征：中型竹，主竿高 5 ~ 12m，顶端微弯，中部节间长 30 ~ 40cm；新竿密被白粉；老竿节下有白粉环；竿环及箨环均稍隆起，箨鞘淡红褐色或淡绿色，有紫褐色斑点；小枝具叶 5 ~ 7 片。

生态习性：耐寒耐旱性强。

园林用途：淡竹姿态挺拔，竿色美观，是优良的园林观赏竹。园林上常栽植于房前屋后、池边、墙旁。

公园应用：淡竹栽植于公园沉香园。

公园应用

180. 早园竹

拉丁学名：*Phyllostachys propinqua* McCl.

科属：禾本科刚竹属

形态特征：竿高6～8m，径2.5～5cm，中部节间长10～20cm，不匀称，常一侧肿胀，新竿深绿色，具白粉，节紫褐色；小枝具叶3～5片。

生态习性：喜温暖湿润气候，耐旱抗寒，能耐-20℃低温，对土壤适应性强。

园林用途：早园竹竿高叶茂，姿态优美，具有很高的观赏价值。园林上常栽植于公园、庭院等，也可用于绿化边坡、河畔、山石旁。

公园应用：早园竹栽植于公园沉香园。

公园应用

181. 箬竹

叶

拉丁学名：*Indocalamus latifolius* (Munro) Keng f.

科属：禾本科箬竹属

形态特征：竿高约75cm，径4～5mm，每节1～2个分枝；竿箨宿存，箨舌弧形；叶片大，长45cm以上，宽10cm以上；次脉多至15～18对，小横脉明显。

生态习性：喜光，耐寒，喜温暖气候。

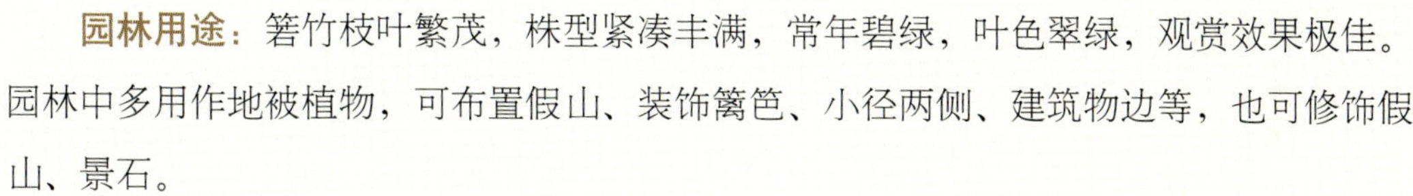

园林用途：箬竹枝叶繁茂，株型紧凑丰满，常年碧绿，叶色翠绿，观赏效果极佳。园林中多用作地被植物，可布置假山、装饰篱笆、小径两侧、建筑物边等，也可修饰假山、景石。

公园应用：箬竹片植于沉香园小径两侧，自然成篱，其生长茂盛，叶片四季常绿，既有效地分割了空间，又遮挡了后方硬质的湖岸铺装。

公园应用

182. 鹅毛竹

拉丁学名：*Shibataea chinensis* Nakai

科属：禾本科鹅毛竹属

形态特征：矮生灌木，高可达1m，直径2～3mm；竿表面光滑无毛，淡绿色或稍带紫色；竿中部之节间长7～15cm，竿环隆起；竿每节分3～5枝，枝淡绿色并略带紫色；叶广披针形，缘有锯齿，基部不对称。

生态习性：耐寒，喜阴凉湿润。

园林用途：鹅毛竹竹丛低矮、叶形美丽，园林上常丛植于绿色植物周边、假山景石之间或者道路旁，形成美丽的景观。

公园应用：鹅毛竹栽植于公园沉香园南侧，其竹丛矮小，竹竿纤细，栽植于道路边缘，茂密的植株自成绿篱，上层搭配常绿小乔木，使得整体景观更加饱满。

公园应用

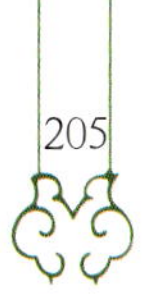

主要参考文献

陈有民，1990．园林树木学［M］．北京：中国林业出版社．

郭成源等，2006．园林设计树种手册［M］．北京：中国建筑工业出版社．

宋良红，李全红，2011．碧沙岗海棠［M］．长春：东北师范大学出版社．

张天麟，2010．园林树木1600种［M］．北京：中国建筑工业出版社．